女子力で読み解く基地神話

在京メディアが伝えない沖縄問題の深層

「戦場ぬ止み」映画監督
三上智恵

琉球新報 政治部長
島洋子

かもがわ出版

まえがき

基地被害が相次いでいるが、女性たちの心のうちは？
辺野古や高江のたたかう現場が明るいのはなぜか？
「オール沖縄」ができたのはなぜか、壊れることはないのか？
「勝てないたたかい」がここまで引き継がれてきたのはなぜか？
抑止力のためだから、基地があっても仕方がないのか？
「沖縄は基地で食っている」と言われるが、本当か？
県民世論というが、反対派と賛成派がいるのではないか？
沖縄メディアは基地反対ばかりでバランスに欠けてるのではないか？

などなど、「基地神話」とさえ言える、沖縄問題に対する疑問は絶えません。在京メディアは、真実を伝えてきたのでしょうか。

対談者のお一人三上智恵さんは、基地問題を描いた「標的の村」「戦場ぬ止み（いくさばぬとぅどぅみ）」の映画監督であり、もう一方の島洋子さんは、琉球新報の政治部長です。

お二人とも、沖縄を愛し、基地問題の解決を訴え続けてきましたが、三上さんは本土のご出身で毎日放送にもおられましたし、島さんは東京支社報道部長として在京メディアの中でお仕事をしてこられました。

そのお二人が、女性ジャーナリストの目線から、また沖縄と本土との複眼で、これらの疑問解明に挑みます。

先の沖縄県議会議員選挙、参議院選挙沖縄選挙区では、いずれも普天間基地の辺野古移設反対を掲げる翁長雄志知事の与党が勝利しました。また、最新の世論調査では、政府が進める辺野古移設には83・8％の県民が反対だと回答しています（「琉球新報」調査）。にもかかわらず安倍政権は、選挙では辺野古問題の争点化を避けながら、それが終わると、あくまで辺野古新基地建設は「唯一の選択肢」だとして新たな訴訟を提起しました。また、宮古島、石垣島などへの自衛隊部隊の配備という新たな問題ももちあがっています。

そんなときだからこそ、お二人の「目からウロコ」の痛快対談をお読みいただき、基地問題を深く考えていただきたいと思います。それはきっと日本の平和主義と民主主義について考える一助になると確信いたします。

（編集部）

女子力で読み解く基地神話　もくじ

まえがき ……… 03

序章 私にとっての沖縄 ……… 11

雇用機会均等法第1期生として（三上）12／QAB（琉球朝日放送）に移ったのは 14／外人住宅街の中で育って（島）17／大学でジャーナリストを志す 18／琉球新報一筋に 20／本土育ちなのに「沖縄大好き」なわけ 24／QABを辞めて映画監督に転身したのは 27／沖縄をもっと全国に伝えたくて 29

第1章　基地被害「怒りは限界を超えた」……31

1　また基地があるゆえの被害者が……32

米軍属女性暴行殺人事件と沖縄の思い 32／次に起きる凶悪事件の無意識の共犯者にはなるまい 36／沖縄県民は決して許さない 40

2　日常化している表にでない女性の被害……45

最も弱い女性の気持ちは 45／性暴力と軍隊の根は深い 50

3　沖縄米兵少女暴行事件が発端となって……53

第2章　普天間・辺野古の20年と「オール沖縄」……57

1　普天間・辺野古問題の20年……58

20年前の報道で後悔していること 58／辺野古新基地は出撃基地 63／元駐留米軍

夫人の言い分にびっくり 66／「オール沖縄」はどうつくられたか 68

2 政府の和解案受け入れをどう見るか …… 73

政府のこそくな思惑は明白 73／そのとき辺野古の現場では 77

3 辺野古・高江のたたかう人々 …… 80

たたかう現場には様々なドラマが 80／国がかけたいやな魔法がとけるとき 82

4 勝てないとわかっていても引き継がれた沖縄のたたかい …… 84

勝ったたたかいもあったけど 84／戦火をくぐり抜けてきたおばあたち 86／現場の明るさはどこから 88

5 沖縄の記憶、沖縄の哲学 …… 92

「ちむぐりさ」という言葉 92／「勝つ方法はあきらめないこと」 95

第3章 宮古・石垣島への自衛隊配備と米軍戦略 …… 99

1 宮古島への自衛隊部隊配備の現状 …… 100

それは地対空・地対艦ミサイルの基地 100／アメリカの軍事戦略と自衛隊 104

2 「抑止力」という神話 …… 109

抑止力どころか沖縄を危険にさらすもの 109／アメリカは残って沖縄を守るのか 112

3 沖縄戦の歴史から学ぶ …… 114

軍隊は国土は守るが住民は守らない 114／沖縄県民の自衛隊への思い 118

4 忘れてはいけない、加害国・日本 …… 119

「悪魔の島」だったオキナワ 119／中国脅威論が受け入れられるのはなぜ 122／戦争とメディアの責任 123

第4章　沖縄基地神話と沖縄・在京メディア …… 129

1　「基地で食っている」という神話 …… 130

琉球新報「基地と沖縄経済」の連載から 130／基地返還でこそ大きい経済効果が生まれる 132／運動の力を削ぐ政府の分断策 135／お金を受け取るという選択肢は 137

2　「反対派と賛成派がいる」という神話 …… 140

ほんとに基地をつくりたい人などいない 140／痛みは他に押しつけてもいいのか 142／折り合いをつけてきた人たちのこころの底 144／したたかに生きた人たちへの評価の仕方 150

3　沖縄メディアと在京メディアを検証する …… 152

「両論併記」というバランス論 152／日本記者クラブの勉強会でのできごとから 155／在京テレビ局幹部のメディア観 156／田中沖縄防衛局長のオフレコ発言問題 160／ある女性記者と琉球新報 163／3・11以降、メディアに問われていることは 164

おわりに …… 170

県議会議員選挙、参議院選挙を終えて 170／沖縄基地問題とオール沖縄のこれから 175

対談を終えて …… 180

沖縄を襲う嵐の「風かたか（風除け）」に——三上智恵 …… 180

東京では見えない言葉の数々——島　洋子 …… 184

装丁　加門啓子

対談する島洋子さん（左）、三上智恵さん

序章
私にとっての沖縄

雇用機会均等法第1期生として（三上）

島　お久しぶりです。三上さんはよく「沖縄大好き」って言われますが、ご出身はどこなんですか。

三上　生まれは東京です。でも住んだのは4年ぐらいで、親の仕事でアメリカに行ってしまう。戻ってきてからは松戸（千葉県）に住みました。私は転勤家族で親も引っ越し人生だったし、一つの場所にあまり長く住んでいなかったんですよ。だから堂々とここが自分の故郷だと言える場所はないんです。ふるさととか出身の定義ってむずかしいですね。最もかかわりが深くて、長く住んでいて、自分が生きていく場所だと確信しているのは沖縄だけなんですよ。

島　大学は確か成城大学でしたね。それで毎日放送にアナウンサーとしてお入りになった……。

三上　１９８７年の入社です。その年は2千人が女性アナウンサーの入社試験を受けて、１人しか受からなかったんです。それも20年ぶりに採用された女性アナウンサーだったので、そこからたたかう人生がスタートしたんですよね。男女雇用機会均等法ができてすぐでしたから、機会均等法1期生としての期待は過度にありました。あなたはお天気ばかり読んでちゃダメよ、アシスタントに満足しないで！　って先輩から言われる。よし！　と思ってへたくそなのに、「暇ネタじゃないのも読みたいです」みたいなことを言って睨まれたり。でも必死に期待にこたえようともがいていましたね。育児休暇をとったのも私が初めてで、現職復帰というのはアナウンサーに戻ることだけではなくレギュラー番組に復帰することだと言われ、おちおち休んでもいられず、

5カ月で復帰しちゃいました。でも、正社員女子アナウンサーも3年くらい下の子になると、ぜんぜん力も入ってなくて「ふふん」って鼻歌をうたって会社にくる時代になっていきますが、私は毎日ロッククライミングをするぐらいの勢いで会社に行ってました。私が「たたかう人」になったのは、雇用機会均等法がいけない？　そのおかげ？　どっちかな……。

島　なるほど、ご苦労なさったんですね。

三上　先輩たちからは、あなたが正社員になれたのはそれをあきらめずにたたかってきた先輩たちのおかげよ、とよく聞かされていたから、男性と同じ仕事をしなければ先輩を落胆させるんだ、がんばろうと思ってたんですよ。島さんが琉球新報に入社した頃は、肩に力を入れて「男と同じ仕事するのよ私」、みたいな感じはありましたか。

島　記者で女性2人を採ったのは初めての年だったんです。それまでは、2年に1人ぐらい。ですから、先輩たちはある程度、肩に力が入っていたと思うし、数は少ないけれどすごく団結していました。例えば、警察担当（サツ担）の女性記者っていませんでしたが、ある先輩が九州で初めての女性「サツ担」となったというんで、朝日新聞に載ったということもありました。やっぱり、メディアの世界って男の世界ですかね。ただ私は、育休をとったのも2人目だったし、先輩たちがたたかって権利を獲得してくれてありがたいことでした。

三上さんは、女性アナウンサーとして入って、嫌な思いをされるようなことはありませんでしたか。

三上　嫌というより、どの仕事をさせてもはまらないと、周囲が思っているのがわかってつらかったかな。例えば関西では特に男性のタレントさんに女子アナをつける場合には、三歩下がって支える役割が求められているのであって、対等に意見を言うおもしろい子、みたいな人はいらないのです。でも男性を支えるみたいなかわいさが最も欠乏してるんですね、私。それに帰国子女の習性だと言われましたが、自分の考えをぱぁって言ってしまう。日本社会では空気を読んでから発言しないといけないのに、それもできなかった。ニュースは動じないで読めましたし、取材が好きなのでリポートだけは得意でした。でも、仕事はできても華がないとか、あぶなっかしさもおもしろさもないとか言われる。トークでも、関東で育っているからボケと突っ込みができないでしょ。「ドヤ、最近?」って言われても、どう応えていいものやら。だから、なんでアナウンサーになったんだろうみたいな日々でしたね。

私はもともとリポーター志望で、現場で取材して伝える仕事がしたかった。もっと正直に言えば民俗学のフィールドワークを続けたかったんですね。「兼高かおる世界の旅」という番組がありましたが、あんなのがやりたかったんですよ。

QAB(琉球朝日放送)に移ったのは

島 で、毎日放送に何年いたんですか。なぜ沖縄にきたのか知りたいのですが……。

三上 8年半いました。30歳になったころ、こっちにきたんです。QAB(琉球朝日放送)はテレビ朝日系列で、1995年に開局します。ところが、あと2カ月で開局というのに、採りたいと思うキャスターにめぐりあえなかったそうなんです。私は就活のときテレビ朝日にも内定していましたが、ラジオがないと長く勤められないと考えてラテ兼営局の毎日放送を選んだんですね。でもそのとき面接に関わった方が「面接で沖縄、沖縄って言ってた子がいたな」と思い出してくださって、私に話がきたのです。

父親はＪＡＬ（日本航空）から当時の南西航空に移籍していたので、両親は沖縄に住んでいましたから、家もあるし赤ん坊の世話も見てもらえる。そりゃあ行きたい。だけど、毎日放送のレギュラー番組を勝手に降りて、夫をおいて赴任するなんて非現実的だと思っていました。それでもＱＡＢから「寄るだけは寄ってください」と言われ、ちょうど家族でオクマビーチに遊びに行くことになっていたので、半ズボンをはいたまま開局前のＱＡＢを覗きに行ったんです。報道局長だった方にお会いしたら、そのままビルの一番上につれていかれて役員面接になった。こりゃまずいと思うんですけど「沖縄がお好きなんですか？」なんて聞かれると、ずっと沖縄のことを考えて生きてきたもんですからガンガンしゃべる。あれ？　入社する気満々みたいなことを言ってるけど、三上智恵大丈夫？　ともう一人の私が言ってましたけど、止まらなかった。そしたら、その日から毎日電話がかかってきて、「ぜひきてください」と。

で、夫を説得し、２年間だけ行かせてくださいと言いました。いま22年目ですけど。そして会社には「２週間後に沖縄に行きます」と辞表をだした。前兆も何もない申し出に、局長は「何があった？　何考えているんだ？」と驚くばかり。まあ、あまりの急展開に自分が一番驚いていましたけど、念願の沖縄で仕事ができる！　という希望ですでにいっぱいでしたね。

島　２週間後って、すごい。人生の転機ですね。

三上　なぜそれを決められたかというのは、もう一つ、阪神淡路大震災の被災者だったことがあります。被災した１９９５年の１月から８月まで、私が住んでいた人工島の六甲アイランドはライフラインが復旧しませんでした。うちの息子は１歳の赤ちゃんでしたが、避難所生活はとても寒くて大変でした。

しかも、海沿いのガスタンクに亀裂が入って爆発するかもしれないという絶体絶命のときがあったんです。半径何キロの外に逃げなさいと言われたんですが、本土と結ぶ橋が壊れていて、脱出できなかったんですね。Ｐ＆Ｇという会社が社員を乗せて大きな船を出すというので、空いていたら小さい子どもとそのお母さんは乗せてくれると呼びかけがあったんですが乗れなかった。上空には爆発する瞬間を狙ってうちの毎日放送を含めて各社のヘリが飛んでるんです。「撮ってる場合じゃないでしょ、ハシゴ降ろして」って、ほんとに叫びたかった。結局爆発はしませんでしたが、たくさんのご遺体も見ましたし、人生のはかなさも身にしみた日々でした。

子どもはすぐに沖縄の両親のところに預けたけど、住むところもなくて、古いマンションを借りて子どもを呼び寄せたのが４月ぐらいだったかな。ようやく８月には自宅に帰れるかなぁとなったときに、ＱＡＢの話があった。普通なら飛びつかないと思うんですが、あっけなく散った命をたくさん見た後だったので、もし来週死ぬんだったら最後に何をやるかなぁと考えたときに、私は沖縄に行くと思った。それなら、生きてるうちに行こう！　と吹っ切れました。

外人住宅街の中で育って（島）

三上　ところで島さんは、なぜジャーナリストになろうとしたんですか。

島　自己紹介がてらに言いますと、両親ともに沖縄の人間です。昔、コザ市といってたところの隣の美里村の出身です。いまは合併して沖縄市になっていますが。

三上　でも、ぜんぜん訛ってないよね。東京的な感じがする。

島　結構、訛ってますよ。小さい頃は、ちょうどベトナム戦争のときでした。子どもだからわからなかったのですが、コザのゲート通りやセンター通りなどで、ベトナムに出兵する前の米兵や帰還兵が暴れて殺伐とした状況になっていました。

私の家の周りは、いわゆる外人住宅街といわれていたところでした。米兵の家族もちは、普通は基地の中に住みます。けれども、奥さんが沖縄の人だとコミュニティーの問題があるので、基地の中には住みたがらない。彼らは、緑の広々とした芝生の中にいかにもアメリカらしい白い平屋の一戸建てで、空調をがんがん使って暮らしていました。

周りの友だちはみんな米国人のお父さんと日本人のお母さんという子どもたちで、ハロウィーンなどの遊びをして過ごしました。１９６９年ぐらいから、アメリカがベトナム戦争から撤退していきます。この子たちはみんなさぁーってアメリカへ帰っていった。6、7歳のときには、「あれ、友だちがいなくなった」という状態になりました。

三上　私もアメリカ時代、一番楽しかったのはハロウィーンでしたね。その子たちとは何語でしゃべっていたの?

島　おかあさんは沖縄の人だから、そこそこ日本語も使えてました。学校はアメリカンスクールに行ってましたから、英語とまぜこぜで話してましたが、子どもが遊ぶにはなんの支障もありませんでした。

　その当時沖縄では、ベトナム戦争反対とか祖国復帰運動がたたかわれていましたが、私はその騒々しさをなんとなく感じながら、小学校にあがる6歳ぐらいまで育ちました。子どもながらに、社会がざわついている感じはありました。復帰運動の余波のようなものを受け止めながら育ってきたわけです。

三上　米軍による被害はなかったんですか?

島　女の子が米兵の集まる街に行くのは親が許さないし、行く機会もありませんでした。でもいま思い返してみると、いつもびくびくしていたような気がします。沖縄では当時、ベトナム帰還兵らが起こす殺人事件やレイプが多発し、治安はとても悪かった。家の周りはのどかな田舎なんですが、彼らが車で回っていないのではないかと思い、親も心配して、一人歩きさせないようにしていました。

大学でジャーナリストを志す

三上　子どものときは、基地があったほうがいいとか、ないほうがいいとかはまず考えないじゃない。そういうことを考えるようになったのは就職してからですか？

島　いえ、大学生くらいかと思います。私たちにとっては基地のフェンスは生まれたときから存在するもので、基地があるのが当たり前のように思っていたんですね。アメリカ文化はおもしろい存在だし、まだバブルの最後のときだから、ディスコなどは米国人でいっぱいでしょ。高校の友だちのなかには、そんな米兵と付き合ってる女の子もいた。基地がどうのこうのというよりも、誰々ちゃんがアメリカンと付き合っているらしいよ、みたいな存在でしたからね。

三上　それで、高校を卒業して県内の大学に進学したのね。

島　マスコミ関係の仕事に就きたいなぁと思ったので、琉球大学の社会学科広報学専攻に入ったのです。主任教授は、のちに沖縄県知事にもなる大田昌秀先生でした。

大学でとても印象に残ったことがありました。もう亡くなられましたが、助教授で宮城悦二郎先生という方がいました。宮城先生のゼミである学生が、こんなことを言いました。「沖縄には戦前は高等教育機関はなかった。沖縄に戦後、大学というのをつくったのは米軍であり、それが琉球大学である。だから、米軍は確かにいろんな事件・事故を起こしているし、基地被害というのはわかるけれど、米軍だって悪いことばっかりしているわけじゃない」と。そしたら、宮城先生が静かに一言、「米軍は、大学をつくるために沖縄にきたんじゃないよ」っておっしゃいました。

この一言が胸にグサッときました。物事の本質をきちんと見なさいと、あの一言で教えられた気がします。米軍は戦後すぐから沖縄をうまく統治するために宣撫工作や住民慰撫政策をしました。大学をつくったのもその一環でしょう。でも、それは沖縄を自分たちの基地を置く拠点としてうまく運営していくためであって、沖縄の人たちのために高等教育機関をつくってあげようという目的できたわけではない。こういうことをちゃんと見きわめられる大人になりたいと思ったんですよ。

三上　そのことに気がついたのが大学生というのは、早いですね。

島　いまだから言葉にできるのかもしれませんが、植民地政策の一面を見て、それを全体ととらえてはいけないということですね。

三上　宮城悦二郎さんのあの反骨精神からおっしゃった一言が、いまでも刺さっているんですね。いい話だなぁ。

琉球新報一筋に

三上　それで、大学を卒業して、琉球新報社に入社されるわけですね。マスコミ関係の仕事に就きたいという希望が叶ったわけだ。

島　琉球新報もそうですが、沖縄の新聞社は他府県の地方紙に比べたら女性記者の割合はもともと高い。だから琉球新報にも沖縄タイムスにも仕事のできる先輩がたくさんいました。でもやっぱり、基地問題とか安全保障問題というのは、男性記者の仕事でしょ、みたいな風潮はありましたね。

三上　沖縄では基地問題の担当、「基地担」は記者の花形だものね。各社、一番できる記者がやるポジションというイメージがあります。ほとんど男性ですよね。

琉球新報に入って、どんな仕事を中心にやってこられたんですか。

島　小さな会社なので政治部、経済部、社会部といろんな部署に配属になりましたが、一番楽しかった仕事は教育担当でした。子どもがいることもあるのでしょうが、不登校やいじめ、高校中退など教育の問題を取材しました。生活の中にある問題を取材して世の中にだしたかった。米軍基地の問題は、防衛や軍備や政治をわかっている先輩の記者が担当するものであって、私は暮らしの中にある問題を取材する、と決めていたんです。つまり「基地担」とは離れたところにいたんです。

琉球新報社で執務する島洋子さん

三上　それが、基地問題に関心をもつようになった。そのきっかけはなんだったんですか。

島　考えが変わったのは39歳にして、宜野湾市の担当になったことでした。普通、新聞記者は若いころに支社局を経験して本社に戻ります。でも私は支社局に勤務した経験が一度もなかった。30代最後に初めて支社局に行ったんです。宜野湾市というのは、米軍普天間飛行場が市の真ん中を占める街です。米軍機の騒音は日常のことで、ひどいときには100デシベルを超える。100デシベルというのは、電車が通るときのガード下の音と言われています。キーンという軍用機独特の金属音の轟音の下を、小学生が耳を押さえて通学する。2012年から普天間飛行場に配備された垂直離着陸機MV22オスプレイという新しい機種は腹に響くような重低音をたてる。配備された当初は保育園の幼児が泣き出すほどでした。

私が赴任する前の2004年には沖縄国際大学に普天間所属のCH53というヘリコプターが墜落しました。幸い夏休みだったので、人的被害はありませんでしたが、建物一棟が焼け焦げて崩壊しました。航空機事故の危険性はすぐそばにあるわけです。

三上　沖縄国際大学にヘリが墜落したのは、忘れもしない8月13日です。私は37歳で民俗学を学びたいと沖縄国際大学の大学院に入ったんですが、それは卒業してまもなくの夏でした。私の誕生日でもあるこの日、友人と海に行く車中で速報が入り、リゾート服のまま踵《きびす》を返して自分の大学に駆けつけたんです。あれから12年、当時は姿もなかったオスプレイ24機が加わって、普天間基地はますます危険になるばかりだものね。

島　ほんとに。こうした米軍基地の状況を見て、大きな疑問がわきました。

私たちは米軍基地があることによって、事故のリスク、事件のリスク、騒音などの環境被害を被っている。そして基地の被害があるから沖縄は国から予算をたくさんもらっていると私たち自身が思っている。しかし本当にそうだろうか。諸々のリスクと引き合うくらいの補償がなされているのか、って。この疑問が後に経済担当になってから、沖縄経済の中に占める米軍基地の経済効果を取材してみようと思うきっかけになったんです。そういう意味では、軍事とか防衛などという視点の基地担とは違う、生活者の視点で米軍基地を見たことになります。

取材してみると、米軍基地は沖縄経済を支えているどころか、沖縄が発展するためには邪魔な存在になっていました。基地であるより、その土地が返還されて街になったほうがずっと沖縄経済にプラスになっている。沖縄は国からたくさん予算をもらっていると思っていたけれど、まったくそうではない。ただし、戦後から基地に依存してきた沖縄経済には、依存によって生まれたひずみもある。人が何かに依存し続けていると、一人でちゃんと立っていられなくなるように、そのひずみを自覚してただしていかなければ、沖縄の「自立」はない、と思うようになったんです。その新聞連載が『ひずみの構造―基地と沖縄経済』という本になり、「平和・協同ジャーナリスト賞」をいただきました（2011年）。

三上　基地や政治の問題などでも女性が活躍する時代の先駆けになっていったわけですね。

島　いえいえ。その後、東京支社報道部長という仕事を任せられました。3年間その仕事をして、本社に戻ってきて1カ月です。

三上　えっ、本社に戻ってきたの。私、この対談のために東京からきてくれたのかと思ってました。

島　いまは政治部の部長で、記者の書いた原稿を読んでチェックしたり、取材の手配をしたり、デスクワークが多くなって現場に行けないのが寂しいですけどね。できあがった紙面を朝から広げて、管理職たちとやいやいするわけです。これは抜かれてるとか、この書き方はおかしいとか。そういうディスカッションを毎日毎日くり返しています。

本土育ちなのに「沖縄大好き」なわけ

島　ところで三上さんは「沖縄大好き」とよく言われますが、そのファーストコンタクトはなんだったんですか。

三上　話せば長いのですが……。私が初めて沖縄にきたのは小学校6年生の12歳のとき。父がオクマビーチの開発に関わっていたようで、プレオープンのときに家族旅行できたんです。1976年ですね。那覇から名護バスターミナルを経由して、バス3台を乗り継いで荷物をもって行きました。バスにはクーラーもなく暑すぎて、また乗ってくる人が何語かよくわからない言葉をしゃべっていたという印象でした。男の子はみんな野球部なんだ！　と驚いた。だって丸刈りでジャージ着てる男の子はみんな野球部員だと思っていたから。でも一番カルチャーショックを受けたのは、お墓だったんです。

島　沖縄の墓？　大きいですもんね。

三上　そう、大きいから、バスの窓から眺めてるとおうちに見えたんですね。沖縄がいくら暑いといっても窓が一個しかない家は使いにくそうだなと思ってたらそれはお墓だった。オクマに着いてガイドブックを読んだら、門中墓（ムンチューバカ）について詳しいコラムがあって、沖縄は風葬で、あの中には洗骨前《せんこつ》の遺体が入っていると書いてあったのね。私、一番苦手なのがガイコツなの。いまでもだけど。つまり家だと思っていた中には、全部ミイラが入っているってこと⁉と倒れそうになりました。お姉ちゃんと大騒ぎしつつも、散歩してたらお墓があったんで、二人で恐る恐る手を合わせて、「悪いことはしませんから」ってお祈りしてからぐるりと周りから見たのね。もちろん中を開ける勇気もないから眺めただけ。でもその瞬間から、お姉ちゃんも私も崇《たた》られたんだよね。気持ちが悪くなって、頭が痛くて、ご飯も食べられなくて、一睡もできなくて、熱は38度近くに上がって、一歩動いたら吐くという状態がずうっと続いたのね。

最終日、私がこれ以上怖いところには行きたくないと言っているのに、父はタクシーで南部戦跡巡りを強行したんですよ。途中、南部には赤茶けた山肌がたくさん見えてて、「なんでこんなに木が生えていないんですか」と父が聞くと、タクシーの運転手が、「南部の山はたくさん人の血を吸ったから、あんなに赤くて木が生えないんですよ」なんて脅すからさらに怖くなって。最後にたどり着いたのが平和祈念資料館。集団自決の写真が大写しにしてあるし、火だるまになって死んだおばあちゃんの着物だとか、パラシュートでつくったウェディングドレスとかが飾られていて、私、いまでも全部覚えているもの。もうすっかり具合が悪くなって、沖縄って恐ろしいところだって思った。

島　すごい体験をされたんですね。

三上　それで、具合が悪いまま飛行機に乗り横にさせてもらったんです。それが、飛び立って30分で、憑《つ》き物が落ちたというのはああいうことを言うんだと思うけど、私もお姉ちゃんもケロッと治ってしまった。それで、また取り憑《つ》かれたらこわいから、二度と沖縄には行かないって誓い合った。そんなかわいそうな体験だったのです。それから沖縄と聞けば……。

島　ぶるぶるみたいな……。

三上　それが違うの。沖縄の本をあさって読み、沖縄のテレビ番組があったら必ず見、沖縄に関する映画はすべて観る、という子になっちゃったんです。

島　えっ、最悪の体験だったんでしょ、なんで⁉　素敵なおばあに会ったみたいな話だったら別ですけど。

三上　それがわかんない。取り憑かれたのが取れていなかったんだよね。そのうち、友だちを連れて戦跡めぐりをしたりガマに入ったりすることになりました。高校生になってからは、私はコザロックが好きだったから、友だちと一緒にライブハウスの「キャノン」などに通うんですよ。

島　へー、おもしろいねー。

三上　あのころのコザって、米兵ばかりですごくこわかったけど、ワクワクした。アメリカのロックバンドにヴァン・ヘイレンがありましたけど、当時ジョージ紫が率いるOKINAWAというバンドは、ボーカルはチビさんでしたけど、本物のヴァン・ヘイレンよりうまいと思った。超かっこよかった。

　でも結局のところ、なぜ私は沖縄のことしか考えない人生になってるのか、わからないんですよ。大学は、沖縄に入り浸りたいという動機もあって、沖縄の民俗学に強い成城大学を選びました。シャーマニズムを研究することになって霊媒師のユタさんにも何十人と会いましたが、たいてい言われます。「後ろに草の冠を被ったかみんちゅ（神人）が見える」とか「前世に沖縄の人がいた」とか。そのせいかなーと思うことにしてる。じゃないと、私の人生がわかんないんですもん。

島　これはぜひ書いておきましょうね。いままで誰も書いていない秘話だから。

ＱＡＢを辞めて映画監督に転身したのは

島　三上さんは、琉球朝日放送（ＱＡＢ）を辞められて映画監督として独立されるんですが、その辺のいきさつをお聞かせください。

三上　そう言われても、いまだに映画監督だって気がしないんですね。だって、やってることはＱＡＢ時代と一緒ですもん。辺野古や高江に取材に行って、それを書いたり、映像を編集したりしているだけですから。

島　でも、そもそも映画だとシナリオが最初にあって取材したり撮影したりするんでしょ。記者とは、仕事の順番が違うような気がするんですけど。

三上　ドキュメンタリーにはいろんなつくり方があると思うんですが、私のつくり方は報道部でつくってきた方法とあまり変わらないです。でもいままで一緒にいてくれた取材車とドライバーとカメラマン、音声マンもいなくて、一人でカメラを回すか、稼いでカメラマンを雇うか、という厳しい環境にはなりましたね。

でもね、フリーになって現場に行くのは、楽しかった。すごく清々しい気持ちだった。例えば、

辺野古の座り込みを取材する三上智恵さん、左は島袋文子おばあ

辺野古に行くじゃない。私は反対運動に寄り過ぎるとかさんざん言われてきたけど、私のなかでは偏ってるつもりはなくて、ただ、中に分け入っていかないとなんの取材も始まらないと思っている。それは民俗学のフィールドワークがベースにあるからなんですよね。だけど、メディアとしてはみんなが座っているところに座ったらダメじゃない。一緒に座ってお茶を飲んだりできない。自分がよくても、他社のカメラに映ったらキャスターとしてはまずい。だけど、フリーになったら、だれと会おうと、だれと飲食しようと、おばあの後ろに座って延々ユンタク（おしゃべり）しようが、だれも何も言わないじゃないですか。

島　そこは、不思議な自由さです。どこにでも自由に行けるって、うれしいですよね。でも、映画って手法を見つけたのはすごいよね。

沖縄をもっと全国に伝えたくて

三上　沖縄の問題を、沖縄県内だけで放送していても仕方がない。でも全国ネットにするのは難しいんです。最初の10年ぐらいは、いいものをつくり、いい報道をすれば、また特ダネをとったり、賞をもらえば、全国ネットに乗るんじゃないかと思っていたのね。でも、ディレクターとしてつくった番組が、放送業界で一番いい賞だと言われるギャラクシー賞を何回とっても全国ネットには乗らない。基地問題はだいたい、スポンサーはつかないし、視聴者も興味がないって判を押されたように言われる。賞をとって、賞金をもらって、みんなで乾杯したら終わり、そういうことを繰り返してきて、「何やってんだろう」って思うようになったのね。地方局にいる自分が、それを伝える手段としてネットワークがうまく使えない、かといってあきらめてる場合じゃないだろうって。

私が最初に思いついたのは、元になる作品はあるわけだし、DVDにして、全国津々浦々を回ったらどうだろうか、ということでした。DVDってプレスするのは安いでしょ。だから自費でそれをつくって、休みの日に、安い会場を借りて、全国の人に観てもらおう、って。しかし、放送法の下では放送以外の利用は厳しい。人を集めたりお金をとってはダメだと言われるんです。

島　外で観せたらいけない、ということですか。

三上　それで、なんとか突破する方法はないか考えていたときに、ドキュメンタリーを映画にしている地方局の事例を見つけたの。フィルムにするにはすごくお金がかかるんじゃないかと思ったら、ソフトもハードも変わっていて、数十万円もかければ映画のバージョンがつくれるということがわかった。だから局の幹部の方々を説得して「標的の村」を映画にすることにしたんです。

でもまさか、映画をこんなにたくさんの人が観にくるとは思いませんでした。日本人は基地問題の実際など知りたくないんだと思っていたけど、毎日会場が満杯になる。それで私、いままで18年間、放送局で何をやってたんだろう、こんなに観たい人がいるのにと思った。

でも、局を辞めて最初から映画をつくるってほんとに大変。資金があるわけではないから、つくった映画を上映して、そこでカンパをいただいて、それをつぎ込んで次の映画をつくっている。もう自転車操業そのものです。

米軍属女性暴行殺人事件に抗議する県民大会(2016年6月19日、那覇市の奥武山陸上競技場) 琉球新報社提供

第1章

基地被害「怒りは限界を超えた」

1 また基地があるゆえの被害者が

米軍属女性暴行殺人事件と沖縄の思い

島　この事件のことをお話しするのは本当につらく、涙がでます。また基地があるゆえの被害者がでました。心が痛いです。

4月28日に事件は起きました。元海兵隊員で、米軍属の男が、沖縄本島中部で、ウォーキング中だった20歳の女性を、強姦目的で背後から棒で殴り、草地に連れ込み、刃物で刺して殺害し、遺体をスーツケースに入れて山中に捨てた容疑で起訴されました。

逮捕直後の供述によると、男は「2、3時間、車で女性を物色した」と話しており、あらかじめスーツケースや刃物を用意していたことから、殺害を念頭においた計画的犯行だったとみられています。容疑者の元海兵隊員である米軍属は被害者と接点がありませんでした。女性は偶然、ウォーキングにでかけただけで見ず知らずの男の残忍な凶行の犠牲になった。

米国防総省が公表した男の軍歴は、２００7年から7年間、海兵隊に所属し、最後は3等軍曹だった。射撃の指導員でもあった。テロリズムに対する業務、韓国防衛などでの功績でメダルも受賞した――というものです。

三上　できればこの事件については何も話したくない心境ですね。ＲＩＮＡさんは、ウォーキングをしていたら元海兵隊の男に突如棒で殴られ、性の捌け口にされて草むらに遺棄された……。ここまで言葉を並べるにも、息を削るように不自然な呼吸になってしまう。このことについては冷静で語ることはできません。

島　私たちが想起したのは21年前の事件です。１９９５年9月、米兵３人が小学生の少女を強姦《ごうかん》するという悲惨な事件が起きました。

同年10月、少女暴行事件に抗議する県民大会で、大田昌秀知事（当時）は「行政を預かる者として、本来一番に守るべき幼い少女の尊厳を守れなかったことを心の底からおわびしたい」と述べた。少女の人権を私たち大人は守れなかった。集まった約8万5千人の人たちはつらい涙を流し、二度と犠牲者を出さないことが大人の責任だと考えました。

当時、私は育児休業があけて職場に復帰したばかりでした。軍隊と住民が近すぎる沖縄で、現状のままでは同じような事件を防ぐことができない。だからこそ基地負担を減らしていかなければならない、と強く思い、仕事をしてきたつもりでした。

今回犠牲になった女性は、20年前の事件のとき、まだ生まれたばかりだった。その若い命が犠牲になってしまった。胸がふさがる。あのとき誓った大人の責任を私たちは果たせていません。

三上　5月22日の日曜日、米軍司令部の前で緊急追悼集会が開かれましたね。怒り悲しむ沖縄の女性たちの呼びかけに応じて、黒か白の服を着た人の列が道の両側を埋め尽くした。シュプレヒコールもなく、マイクで叫ぶこともなく、静かに葬列のように歩きながら満身の怒りをこめて「全基地撤去」を求めました。

島　被害女性のご家族が遺体遺棄現場に行き、お父さんが娘を呼びながら、「お父さんと帰るよー」「お父さんをおうてくーよー（追いかけてきなさいよ）」と娘の魂に叫んでいた。あまりにも悲しいです。軍隊という極限の暴力装置に、あまりにも近くで暮らさざるをえないこの沖縄。事件は沖縄のだれの身にも起こりうることです。被害者は自分だったかもしれない。家族の悲しみ、痛みは私たちのものです。

三上　「なぜね、命まで奪ったの？　と犯人に言いたい」って、喪服を着て車椅子に乗ったまま、辺野古の文子おばあは泣いていました。「凍りついたようになって、何も言えないよ」って。

シールズ琉球のメンバーとして基地問題に体当たりし、座り込み、声を上げてきた大学生の玉城愛さんは、同年代の女性が暴力の末に草むらに捨てられていた事実を受け止めきれない、話せませんと、メディアのインタビューを辞退していました。「１９９５年の暴行事件は学んで、理解し、受け止めているつもりだった。でも当事まだ1歳で本当にはわかっていなかった。こんな私が人の前で言葉を発していいのか」とも。混乱する彼女に、沖縄の20代の声を代弁してもらいたいと、マスコミの群れが殺到した。両者の気持ちはわかるが、痛々しい場面でしたね。

島　この事件で、沖縄県警が米軍関係者を事情聴取していると5月18日付でスクープしたのは琉球新報でした。警察担当の記者たちが、被害女性が行方不明になったときから地道に取材を重ねてきて、つかんだ情報でした。

容疑者が逮捕され、遺体が見つかった5月19日、警察署に容疑者が入る場面、被害者の家族へ警察から遺体発見が伝えられたと思われるときは、現場記者は泣きながら取材していました。耐え難い思いでした。20日付の紙面作成が落ち着いた深夜1時。残っていた編集局員約40人、みんなで黙とうしました。「沖縄の新聞社として彼女の命を守ることができなかった。申し訳ない」。犯行の態様があきらかになるにつれ、あまりにむごくて紙面をつくるのもつらかったです。

琉球新報の社会面にある4コマ漫画「がじゅまるファミリー」の21日付のタイトルは「やまない雨……」。3コマ目まで暗い画面に雨が降り続き、4コマ目で縁側におじい・亀吉とおばあ・チルーの背中があるだけの漫画だった。作者のももココロさんに聞くと、普段はペンを握ると主人公のマンタ君などキャラクターが出てきて動き出すのに、このときは何も浮かばず、描けず、暗闇にいる感覚だったそうです。

翌22日付の「命名」では、サンゴちゃんが名付けられた日のことをおばあが話している。暴行目的だったという供述があったため、匿名報道に切り替わり、連日報じていた被害者の氏名も笑顔の写真も載らなくなりました。触れてはいけない名前のようになったことがどうしても耐えられないという、ももさんの思いを表現したものでした。

三上　そういう意味だったんですね、あの日の4コマは……。親が娘にどんな思いで名前をつけるか。それを連呼されるのもつらい。でも名前を世の中から消されるのは——。

娘を思うといえば、年頃の娘をもつ高江のゲンさんは特別の想いがあったようで、家族みんなで集会にきていました。ゲンさんは前の晩、一人でもゲートを封鎖しに行くといって、夜中の北部訓練場ゲートに向かったんです。震えるような怒りでいっぱいのゲンさんたちは、翌日から本当に行動にでたんですよ。

1997年の市民投票のときからずっと辺野古の基地建設に反対してきた、瀬嵩に住む渡具知さん一家も親子で駆けつけていました。ちかこさんと私はこの20年、お互いにどれだけ基地のことでがんばってきたか知ってるだけに、悔しくて情けなくて二人で泣いてしまった。大学生になった息子の武龍くんは、「むかし、妹が早朝にランニングしたいと言ったけど、家族全部で反対したんですよ。シュワブの兵士も走っているから、と。そのときはちょっと神経質かな、と思ったけど、やっぱりこれが現実なんだと。散歩も、ランニングもできない。異常ですよ」、そう言っていた。この息子に基地だらけの島をプレゼントしたくない。そう思って渡具知さんご夫婦は自分たちなりの反対運動を始めた。その息子が大学生になり、彼と同世代の女性が元米兵の狂気の犠牲になった。この家族が歩んだ20年を思っても、ほんとやりきれないです。

次に起きる凶悪事件の無意識の共犯者にはなるまい

島　1995年の事件をきっかけに、日米両政府は「沖縄の基地負担軽減」を繰り返し言ってきました。しかしこの20年、基地負担は減っていません。在沖米軍基地の整理縮小を図る96年のSACO（日米特別行動委員会）最終報告で決められた基地の返還は、読谷補助飛行場やギンバル訓練場など一部にとどまっています。最大の懸案である普天間飛行場はまったく動いていない。国土面積の0・6％しかない沖縄に全国の74・46％の米軍専用施設がある。基地負担の4分の3を沖縄が背負い続けている構造は、この21年間、何も変わっていません。

さらに、米軍人・軍属の特権を認めた日米地位協定も一字一句変わっていません。事件が起きるたびに問題になる、被疑者の身柄の引き渡しも、殺人や強姦などの凶悪事件に限って米側の「好意的配慮」により引き渡すとした運用改善だけです。この事件後、日米両政府、本土メディアは「この件は日米地位協定とは関係ない」という主張を繰り返した。政府の意向を反映したものであったと思います。

確かに、容疑者は基地外の民間地に住み、沖縄県警が身柄を確保したことや公務外であったために、「起訴前の身柄確保」はできた。しかし容疑者は、証拠となるスーツケースを基地内のゴミ処理場に捨てたという。その現場を沖縄県警は、つまり日本の警察は捜索できません。県警は、米軍からでたゴミを処理する基地外の処分場へ運ばれたところで捜索するしかなかった。いまのところ、証拠品となるスーツケースは見つかっていません。地位協定の壁はあるんです。

三上　日米両政府は今回の事件でも相変わらず「極めて遺憾」「綱紀粛正と再発防止に努める」など言っています。しかし、「謝罪と再発防止」はもういいって、今回はみなそう口をそろえている。「綱紀粛正・オフリミット」、それで何も変わらなかった。事件事故のたびにそんなごまかしで中途半端に抗議の拳をおろしてきた自分たちが、いまは何よりも呪わしい。もしも過去のどこかで徹底的に抵抗して基地を島から追い出していたら、彼女の人生は続いていたんだから。

島　「再発防止に努める」は口だけ、殺人・強姦・放火など米軍の凶悪事件は繰り返されています。日本復帰後だけでも、米軍の犯罪事件が5910件発生し、そのうち凶悪事件は575件にのぼる異常事態です。県民の我慢も限界に達している。事件のたびに日米両政府は綱紀粛正とか教育の徹底と言いますが、それがなんの犯罪防止策にならないことをもう、みなわかっています。

三上　敗戦と占領で、沖縄は他国の軍隊との共存を余儀なくされた。でも70年もその状況を甘んじて受け入れ、変え切れなかったのはだれかということを今回強く考えました。私もそのうちの50年、少なくとも大人になってからの30年の責任からは免れない。新たな犠牲がでるまでこの状況を放置したのは、私。変え切れなかったのは私だもの。

それは沖縄に住む大人たちだけの責任ではない。戦争をしないと言いながら、よその国の武力に守ってもらうことの矛盾には向き合わず、彼らの暴力を見て見ぬフリをしてきた国民全員が加害性について考えてみるべきです。「安全保障には犠牲が伴う」などという言説に疑問ももたずに、武力組織を支え、量産される罪を許し、予測できた犠牲を放置した。彼女を殺したのは元海兵隊の、心を病んだ兵士かもしれない。しかし、彼女を殺させたのは無力な私であり、何もしなかったあなただ、と私は言ってるんです。

米軍の凶悪犯罪をもうこれで本当に最後にしたい。これまでのあらゆる対策は無効だった。ではどうすればいいの？　すべての米軍にでて行ってもらうしかないじゃない。「いくらなんでもそれはちょっと……」と言いながら、解決策も提示せず、動かずにいる人は、次に起きる凶悪事件の無意識の共犯者だと言っていい。

島　暴力で自分よりも明らかに弱い存在の女性を襲い、意のままにしようとし、最後は殺して捨てた。それは性欲などではなく、ゆがんだ支配力の行き着く先です。家庭を築いていたという男をこれだけ残忍な凶行に走らせたのはなんだったのか。軍隊という場で学んだ暴力がまったく無縁だとは思えません。

沖縄戦終結後、米兵が近づくと集落に鐘が鳴り響き、女たちは「米兵につかまると襲われ、殺される」と逃げ隠れました。しかし事件は絶えなかった。

1955年には由美子ちゃん事件が起こります。6歳の幼女を米兵が車で連れ去り、嘉手納基地内で何度も暴行して殺害し、基地内のごみ捨て場に捨てた事件です。苦痛に顔をゆがめて歯を食いしばり、ぎゅっと結んだ小さな手には雑草が握られていたそうです。立法院は「沖縄人は、殺され損、殴られ損で、あたかも人権が踏みにじられ、世界人権宣言の精神が無視されている」と抗議の決議をしました。

67年ごろから基地の街ではベトナム帰還兵による強姦やホステス殺しが頻発しました。米兵相手の店で働く女性たちの間では、一人でトイレに行くのは自殺行為と言われていたそうです。戦場という極限状態を経験した人間が暴力を向ける先が沖縄の女性たちでした。

「基地・軍隊を許さない行動する女たちの会・沖縄」の調査では、65年からの5年間で、強姦は表面化しただけで78件あるが、琉球政府警察局の検挙数は31件だった。罰金で済んだり、迷宮入りしたりした事件も多かった。

三上　しかし、今回の怒りはどこまで広がるかわからないよね。先週末から辺野古では「殺人鬼は出さない」とゲート前に立ちはだかっているし、高江でも少人数ながら車と横断幕で米兵の出入り口をふさいだ。ゲンさんたちは北部訓練場に入る民間の作業車は入れようとしたが、米軍車両が引かないために通れず、渋滞ができた。でも作業車の人たちにその事情を説明したせいか、足止めになってつらいはずの運転手たちも「仕方ない。同じ県民だからわかるよ」と答えてくれました。

沖縄県警もこの事件については思うところも多いのでしょうね。座り込みに対する対応も手荒ではなく、つらそうな表情をにじませる人もいた。いままで米軍基地に対して肯定的だった人や無関心だった人も、今回だけは許せないと動き出しています。

島　琉球新報が沖縄テレビ放送（ＯＴＶ）と一緒に米軍属女性遺棄事件を受けて実施した世論調査では、米軍関係者の事件事故の防止策については「沖縄からの全基地撤去」が最も多く42・９％で、「在沖米軍基地の整理縮小」が27・１％と続き、「兵員への教育の徹底」は19・６％にとどまりました。「海兵隊の全面撤退」は52・７％と過半数を占め、日米地位協定については79・２％が改定・撤廃を求めました。また、事件後の安倍内閣の対応については70・５％が支持しないと答えています。

三上　いつか彼女が生まれてきた意味をみんなで肯定できる日を迎えたい。そのためには、前に進むしかない。陳腐な怒りも、涙も、意気消沈も、責任のなすりあいも、彼女のためにならない。次の犠牲者のためにならないんだから。

沖縄県民は決して許さない

島　米軍属による女性暴行殺人事件に抗議し、海兵隊の撤退・日米地位協定の改定などを求める沖縄県民大会が6月19日、那覇市・奥武山公園陸上競技場で開かれました。主催したのは「オール沖縄会議」、全県から6万5千人が結集しました。壇上に立った翁長知事は、事件への怒りと米軍基地の整理・縮小という「県民の思いの重なり合い」について確認し、県民が足並みをそろえて政府に向き合う重要性を強調しました。

三上　オープニングが、古謝美佐子さんの「童神（わらびがみ）」だったでしょう。これはたまらないと思った。こころで聴いてしまったら崩れ落ちるから、今日は撮影なのだと心に鍵をかけて仕事に徹しました。それをやり過ごしたのに、ＲＩＮＡさんの生まれ育った名護市の稲嶺市長が『風かたか』になれなかった」とスピーチしたとき、やっぱり号泣してしまった。「風かたか」とは風よけのこと。古謝美佐子さんのお書きになった「童神」の中ではこう歌われている。

雨風ぬ吹ちん　渡るくぬ浮世　風かたかなとてぃ　産子花咲かさ（渡るこの浮世　強い雨風が吹きつけるだろうが　私が風よけになって　この子の花を咲かせてやりたい）。天の光受けて　高人なてたぼり（天の御加護をいただいて　人徳のある人になってください）。

親というのは夏は団扇で手がしびれるほど風を送り続け、寒い日は体温で温めて幼子を守るものだとこの歌の歌詞にありますよね。私だって、20歳を超えた息子に対してでさえ、大きな波がくるならせめて防波堤にでもなりたいと思う。太陽と月と、天の神やご先祖さま、得られる恵みはすべて受けて、立派な人間になってほしい、花を咲かせてほしい。そう願うのは、万国共通の親の思いでしょ。そして、できることなら世間の荒波を渡っていく段になっても、わが子の「風よけ」になりたい、と。

この歌詞にたどり着いたとき、多くの沖縄女性が顔を覆いましたね。守ってやれなかった。胸が張り裂けるような痛恨の思いが会場で共有されたのです。

島　私も会場で「童神」を聞いて泣いてしまいました。

三上　人生、楽よりも苦が多いでしょう。そして晴れの日より雨風の日が人を強くするかもしれない。しかしその雨風でさえ和らげてあげたいと思う親心を歌ったこの歌の切なさに涙した次の瞬間、こみ上げてくる憤りは、繰り返される米軍の事件・事故・暴力が、人生につきものの「雨風」なのかという強い疑問だったの。米軍に占領された27年は言うに及ばず、復帰後の44年の間でさえ、凶悪事件だけで570件余り起きている。沖縄の大人たちはどれだけがんばれば弱い者たちの「風よけ」になれるのでしょうかね？

「国民の安全のために米軍と暮らしなさい、我慢しなさい」と国に言われ、戦車が空から落ちてきたり、流れ弾が飛んできたり、学校にジェット機が落ちてきたり、幼女が切り裂かれたりした。そのたびに幼子を守りたいと右往左往し、守れなかったと泣き崩れる親たちがいた。その悲劇が絶えることなく70年続いた上で、またも「風かたか」になれなかったと涙ぐむ稲嶺市長の心が、本土の親たちにわかってもらえるだろうか。

島　被害女性のお父さんのメッセージも読み上げられましたが、嗚咽を抑えることができなかった。「米軍人・軍属による事件、事故が多い中、私の娘も被害者の一人となりました。なぜ娘なのか、なぜ殺されなければならなかったのか。いままで被害にあった遺族の思いも同じだと思います。

被害者の無念は、計り知れない悲しみ、苦しみ、怒りとなっていくのです」と綴り、「次の被害者を出さないためにも『全基地撤去』『辺野古新基地建設に反対』。県民が一つになれば、可能だと思っています。県民、名護市民として強く願っています」と結んでいました。

それに対して、東京ではお父さんのメッセージにあった「全基地撤去」などの訴えを「政治的すぎる」と矮小化しようとする動きがあった。県民の思いを共有していないことのあらわれです。

三上　「政治的」なひずみをずっと押しつけられて黙って苦しんできた県民が、娘を殺されて「もう撤去してくれ」と声を絞りだしたんですよ。

それを「政治的」と切り捨てられるのはあんまりというものです。痛みを伴うため押し殺してきた「全基地撤去」が噴出してきた、それは必然でしょう。

島　最後に「海兵隊の撤退」のプラカードを全員で掲げた絵は壮観でした。

三上　でもね、1時間が過ぎたころから私は胸が重苦しくなってきたの。熱中症か？　いや、なにか胸騒ぎというか、もどかしさにも似た気持ちが空回りしていた。でもあのプラカードを見たとき、強い文言が実感とズレていることに気づき、私は、自分の中の重苦しさの正体に気づいたのね。

1995年の少女暴行事件で8万5千人が集まった県民大会に始まり、教科書改ざん問題、普天間基地県内移設反対、オスプレイ配備撤回と、何度も大規模な集会をもつことで沖縄県民は民意を示そうとしてきました。しかし厳しく振り返れば、どの要求も通っていないし、沖縄県民が抑圧されている構造を何も変えられていないんです。だから、県民大会はやるだけやったという県民のガス抜きでしかない、という批判もでる。それでも、あれだけの残虐な事件の怒りと悲しみを引き受けた今回こそは、二度と繰り返さないために本気で状況を変えるしかないという気持ちは、大勢の参加者の中にあったはずだよね。そういう大会にするためにはどうしたらよいのか、6万人あまりのエネルギーをどこに向ければよいのか、開けるべき扉がどこにあるのか、半歩先が示されるような展開を県民大会の中に私は望んでいたけれども、それがなかった。

島　軍隊と住民は共存できないという事実を、沖縄は繰り返し思い知らされてきました。命と人権を守ることは最も大事な大人の責任です。もう悲しくつらい犠牲は誰にも負わせたくないという思いは県民共通のものになりました。それをどう行動に移すかですね。

三上　海兵隊をなくすことが本物の追悼だというなら、それをどう形にするのか、オール沖縄としての覚悟や具体案がどんどん飛び出すような場になってほしいという期待が満たされず、目の前の光景とはちぐはぐな印象が自分の中で焦りとなって蓄積していたんです。

「これで本当に最後の県民大会にしたい」文子おばあをはじめ、多くの人が同じことを言った。本当に「最後の県民大会」にするためには、例えば、会場にいた6万5千人のうち100人に一人でも辺野古のゲートにやってきたら、どんな工事もできないでしょ。もし10人に一人が一斉に近くの基地に押し寄せたら、米軍も真剣に撤退を考えるかもしれない。6万人というのはそういう数だし、自覚しているよりもっと大きな可能性を秘めている。

島　自分たちの力を何度も結集させるための突破口にしていかなければなりませんね。

三上　大会は、この島に生まれたＲＩＮＡさんの命を6万5千人で慈しみ、抱きしめた瞬間でした。それはかけがえのない時間でした。さらに、彼女が受けた最期の苦しみを引き受けて、彼女が生きた証を沖縄の苦難の歴史の大転換点にできるかどうかです。あの集会に集まった私たちはその課題を抱えて走りだしたんです。県民大会は帰結ではなくて、現状を打ち破るためのスタート地点だった。
文子おばあが言う。「人の命をもって何も変えられないなら、あと何があるの？」って。87歳の老女が次の世代の「風かたか」になろうと毎日ゲート前に立っている。私も、ちゃんと役割を果たしたいと思う。

2 日常化している表にでない女性の被害

最も弱い女性の気持ちは

三上　それにしても、米軍関係者による女性の被害って、事件にならないのも含めればいっぱいあるじゃないですか。警察に届ければ事件になりますが、レイプは親告罪だから泣き寝入りしてしまうと表にはでない。覚えていませんか？　3、4年前に国際通りの裏で起きたレイプ事件で、ツイッターに載ったんでわかったという……。

島　北谷町の駐車場での米兵による女性暴行事件ですか。確か2001年だったと思う。あのときは、地位協定をたてにとって7日後まで米兵は逮捕されず、地位協定を見直せという声がわき起こった。

三上　あの事件は確かにそうでした。私の言ってるのはそれじゃなくて、警察までいってない事件です。国際通りのある施設の駐車場で、早朝に女の子が米兵に集団で強姦されていた。そのことを一人の女の子がツイッターに載せた。それが私にもまわってきて、ビックリして、ダイレクトメールでその子とつながったの。

書き込みをした女の子は直接の目撃者ではないのね。彼女の体験はこうです。あの辺の飲食業で働いていて、朝の5時か6時の明るくなった頃に出勤してきた。その向かいに普段はあんまりやってないけど、米兵専門のライブハウスがあった。たまたまビックゲストがきていて、朝になってもみんなまだ酔ったまま道にでてきて大騒ぎしていたときに、その女性が出勤してきたのね。彼女は、こわいなと思って足早に通り過ぎようとしていたら、後から黒人が2人乗った白い車がついてくる。声をかけてくるのを無視していたら、バンって車のドアの音がして、一人が降りてこっちへ走ってきたんだって。超こわくなって、50メートル先のところに職場の入り口があったから、全力で走って、なんとか助かったんです。その後に店長さんが出勤してきたんだけど、血相を変えて「ああ、嫌なもの見た」と言ってたんだって。昼休みになって、「今日の朝さぁ」という話があって、聞いたら、駐車場の入り口のところで、複数の米兵が女の子に襲いかかっていたと。それですごくビックリして、「それ黒人で、白い車じゃ?」って聞いたら、「そうだった」というんで、「自分がそうなるところだったんだ」と、ツイッターに彼女は書いてるのね。

でも、じゃあなぜこの店長は警察に通報してなかったのって思うよね。ほんと、ワジる（頭にくる）んだけど。彼女もそう聞いたら、「だって、もしかしたら合意だったかもしれないじゃない」って言ったんだって。合意なわけないじゃない。明るい中、集団相手にそれを望む女性なんてこの世に一人でもいるのかってことです。付け足しですが、同じ事業所の二人の男性も見ていたんです。タバコ吸いに外にでたら、後から駆けつけた車の人も暴行に加わっているのを見たと。この人たちもなぜそのまま仕事に戻れたのか、ということですよね。

こういう事件は基本的に、私たちがいくら騒いでも、本人が強姦されたと訴えでるのを待つしかない。でも、私そのときに調べたんだけど、相手が複数であれば、目撃情報からでも事件化できる場合もあるんですって。

島　その事件が本当にあったかどうか、残念ながらいまのところ判断できません。

三上　その事件の数カ月前、48歳の女の人が、那覇市内で夜中の2時ぐらいに米兵に強姦されました。あまり大きく取り扱われなかったけれど、ニュースにはなった。この事件のとき、周囲の男性が何気なく「なにも48歳を」って言ったのね。そのとき、ちょうど私は48歳だった。「なんてこと言うの？」って怒ったの。18歳よりも48歳だったら痛みが少しでも薄らぐのか。この手の犯罪については男女間の意識の違いはなかなか埋まらないし、いつもやりきれないと思う。

でもこのとき、たまたま同い年の女性が犠牲になったので、いつも以上に自分に引き寄せて考えました。私だったら警察に行けるかどうか。48歳で20歳の息子がいて、その後どうなるかを考えた。警察の発表を受けたら、まず私はニュースキャスターの仕事は続けられないだろうなと。

みんなが毎日私の顔を見て、この人が米兵に強姦された人だと思ってしまったらほかのニュースが入ってこないでしょう。普通、妻がそういう事件で有名になったら夫の会社での立場も厳しいものがあるだろうとか、息子も重い荷物を背負ってずっと生きていくことになるとか、いろいろ考えるでしょ。仕事も、家族の輪も失いかねない。レイプの前の日常に戻れない。そんなこわさを考えると、不幸な事件だけど、自分が黙っていればその次の不幸を生まなくてすむかもしれないとまで、そのときに初めて考えましたね。

１００人の女性が米兵に強姦されて警察に行けるのは一人いるかどうかだという話は聞きますが、そうだろうなと思います。その国際通りの裏で暴行をうけたという高校生らしき女の子だって、この先結婚しなきゃいけないし、親には「そんな時間までどこにいたの、あんたが悪い」って言われるかもしれないし、彼氏がいても一緒にたたかってくれるかどうかわからない。

島　その通りです。

この3月にも、観光にきていた九州の女性が、宿泊先のホテルで米兵に暴行される事件がありましたよね。これは、飲み物を買いに出た間に女友だちが中で眠ってしまい、鍵を開けてもらえずに廊下で待っていて寝てしまったという状況でした。よくあることでしょ？　鍵をもたずにでて締めだされるのって。東京のメディアはこの事件をほとんど報じませんでした。ネット上には、女性の〝落ち度〟を強調する書き込みがあふれました。

被害者であるにもかかわらず、訴えでることで誹謗《ひぼう》中傷にさらされる。女性に沈黙を強いる構造が積み重なり、新たな被害を生むんです。

三上　これについても、知り合いの男性は「おかしいだろう、酔って寝ころがっている女なんて。元々それが目的だったんだろ」って判で押したような話をするわけ。性犯罪に関しては、なぜか必ずかばう男が出てくる。これ意味不明。

島　忘れた財布を盗んだら犯罪なのに、性犯罪の場合は女性の落ち度を探してでも加害者を擁護する。性犯罪は「純粋無垢な被害者」以外は女性のほうが責められる。この構図を変えていかなければ、性犯罪もなくなりません。

三上　その事件を起こしたのはキャンプ・シュワブの兵士だったから、辺野古で抗議する集会が開かれ、そこに参加したある60代の男性の体験談が沖縄タイムスに載りました。その人の姉は幼いころからずっと、「裏座」という小さな部屋に閉じ込められていたそうです。顔を見たこともなかったと。最近、この男性は介護しているお母さんから、娘が神経を病んだのは実は米兵に強姦されたことがきっかけだったという話を聞くんですよね。しかも、その行為はお父さんもお兄さんもいる前で行われたと。なぜ止めなかったのか？　と聞くと、母は「抵抗したら殺されていた」と答えたそうです。被害女性の苦しみは筆舌に尽くし難いのはもちろんだけど、本来、守らなければいけない女の人が目の前で陵辱されているのを見ていて何もできない苦しさは、もっと救いがないと思うんですよね。体格も大きい、武器ももってる、権力もある。味方してくれる警察さえいないような米軍占領下で、一つの家の中で起きているこの米兵の暴力に立ち向かうのって、無理じゃない。それでも、その後ずっと自分を責め続けたであろう父や兄のことを思うと……。

島　相手は日頃から人を殺す訓練をしている人たちですものね。

性暴力と軍隊の根は深い

三上 性暴力と軍隊というのは、切っても切れない。ほんとに根が深い。軍隊って人権感覚から変えていかないと勤まらないでしょ、世界中の人に等しく自分と同じ生きる権利があると思っていたら人を殺すことなんかできないんだから。「どこかに悪魔のようにダメな国があって、不正義の人たちがいて、正義のためにはやむをえずそういう人間を殺さなければならない」、そうとでも考えないと、人間は普通の感覚では人間を殺せないようにできているんだって。だから、正常な感覚から一つか二つ、ネジを外さないと人は殺せない。軍隊にいるということは、ただ単にいろんな武器や身体の訓練をしているわけではなくて、肝心なのは、暴力と正義と人権というところのネジを狂わせるマインドコントロールの訓練をしているということ。そうでないとソルジャー(兵士)にはなれないんです。だから、女の人にも子どもにもだれにも同じ人権があると思っていたらレイプはできないんです。

島 本土の人の中には、「そうは言っても、一般の沖縄人だってレイプするじゃないか」と二言目には言う人もいます。作家の百田尚樹氏は昨年6月の自民党国会議員の勉強会でさまざまな暴言を吐きましたが、その一つに「沖縄の米兵がレイプ事件を起こすことがある。過去何年もある。けれども米兵が起こした犯罪よりも、沖縄人自身が起こしたレイプ犯罪のほうがはるかに率が高い」という発言がありました。しかし、米兵の犯罪で私たちが知りうるのは基地の外で犯した犯罪だけです。その基地の外での犯罪だけを見ても米軍人・軍属とその家族が殺人や強姦《ごうかん》などの凶悪犯として県警に摘発された人数が、人口1万人当たりの平均に換算すると1・33人で、県民一般の「県人ら」の0・63人の約2・1倍の高い数値です。

さらに基地内で何があるのか私たちにはわからない。米国防総省は2014会計年度（13年10月～14年9月）に、米軍内で1万8900人が性的暴行や強制わいせつなど性犯罪の被害を受けたとする推計を発表しています。1日当たり約52人が被害を受けたことになるひどい数値です。在沖米軍基地内でも犯罪が起きていると推測できますが、ブラックボックスです。

三上　なぜそういう言い方をして、米兵の犯罪をかばうのか、沖縄の男もやるでしょうなんて言い方をここにもちだすのか、まったく悪質です。沖縄の男性たちの苦しみも知らないでって思う。自分の大事なお母さんやお姉さんや恋人が、米兵に奪われたり暴行されたりする、そんな例を見たり聞いたりすれば、男の人の大事なプライドがむしばまれますよね。対抗したくてもできないとわかったときの、男の人たちの屈折した気持ちには想像を絶するものがあります。

島　相手をどんなに呪っても、自分をどんなに呪っても、その状況を止められなかった、という事実に向き合うのはつらすぎます。そうした場合、正面から向き合うよりは、基地だって悪いことばかりじゃないとか、自分たちにも落ち度があったはずだとか、自分を楽にしてくれる違う思考に転換していくこともありえますね。

三上　コンディショングリーンという伝説のロックバンドのリーダー、ヒゲのかっちゃん（川満勝弘・宮古島出身の歌手）のことが大好きなんですけど、彼はよく話してくれました。当時のコザ（現在は沖縄市）は、島さんもよくご存じだと思いますが、嘉手納基地の米兵がたくさん闊歩《かっぽ》していた。沖縄の人たちにしてみれば、彼らは偉そうだし、160センチでも180センチぐらいの勢いで歩いているようで、とてもかなわないように見えたとかっちゃんは説明してくれました。沖縄の男性は卑屈に道を譲るしかなかった、と。

当時かっちゃんは、米兵にも町の人にも大人気。ライブが盛り上がるのは、沖縄駐留米兵には普通では絶対にかなわないけれども、「米兵はみんなゴキブリになれ」ってステージで言ったら、ノリのいい米兵はみんながひっくり返ってゴキブリになる。「お前のブーツを脱げ」と言って脱がせたら、臭いブーツにビールを注いで、俺も飲むからお前も飲めって言ったら飲むわけです。それでみんな、わぁって喜ぶわけじゃない。そのノリのなかで、「この中で一番偉いのはどいつだ！」と叫ぶ。「海兵隊の何とか大佐がいます！」「じゃあ、前に出てこい」みたいになる。「この大佐は立派な人間か？」「おう！」「ただ、こいつは罪を犯している、おれは知っている！」って。かっちゃんが「その罪を犯したのはこの下半身だ」って言うと、みんながわぁわぁ盛り上がって、ロックの音楽に合わせてパンツを脱がせ、「この下半身を公開処刑にする」とか言うとまた盛り上がる。結局この上官はパンツ一枚で戻っていく。

ウチナーンチュにとっても痛快だし、米兵たちにとっても小気味のいいことじゃない。彼らも上官に対して不満があるわけだから。それはショーの中だからできることだし、沖縄のだれもができることではないけど、天下とったみたいに胸がすく感じがする。かっちゃんという破天荒なロッカーがヒーローになっていったあの時代、背景には守りたいものを守れない沖縄の男の人たちの、悔しさとか屈折した気持ちがあったと思うんです。かなわないなら、だったらいっそ、植民地エリートになって権力から実利をもぎ取ったほうがいいとさえ思うのはわからなくはない。

島　たしかに、そんな植民地エリートの人もいますね。何十年も生きてくるなかで、米軍に対する屈折した気持ちと折り合いをつけなければいけない、でも日本人としての誇りも捨てられない、そのバランスが崩れて哀れな植民地エリートになってしまった人ですね。

3　沖縄米兵少女暴行事件が発端となって

島　振り返ってみれば、１９９５年に起こった米兵による少女暴行事件は、アメリカ軍基地の縮小・撤廃を求める県民運動の契機になりましたよね。海兵隊員など3名の軍人が少女を車に押し込み、近くの海岸に連れていって強姦し、小学生は負傷するといういたましい事件でした。

三上　あの事件は、私が琉球朝日放送にきてすぐに起きた事件だったんですよ。最初、被害者があまりにも幼いということで、報道を控えようかという話し合いもあった。ところが本土メディアのワイドショーがきて先に報道してしまった。それで、これはもう被害者やその家族を守りつつもたたかうしかないとなって、報道に踏み切ったんです。いままでもこういう事件のたびに、

米兵少女暴行事件に抗議する県民総決起大会には８万５千人が参加した
（1995年10月21日、宜野湾市）琉球新報社提供

狭い島では被害者が特定されてしまい一生影響を受けることを考えて、だすかださないかはその場その場で考えて判断してきたんだ、という先輩の言葉にすごくびっくりしました。そして、たしかに大都会で事件を報じるのとはわけが違うなとわかったんですね。

島　日米地位協定では、「起訴に至らなければ、関与が明らかでもアメリカ兵の身柄を日本側に引き渡すことができない」という取り決めになっていて、実行犯である三人が引き渡されなかったことが大きな問題になった。それで、沖縄県民のなかにくすぶっていた反基地感情が一気に爆発しました。

三上　事件翌月の１９９５年10月21日には、宜野湾市で事件に抗議する県民総決起大会が行われ、大田昌秀沖縄県知事をはじめとする約8万5千人もの県民が参加しました。

島　少女暴行事件が起こる直前に北京で国連の第4回女性会議が開かれました。ご存じのとおり、女性会議は「平等・開発・平和」をテーマにした会議で、性差別や女性に対する暴力に関心をもつ女性たちが世界中から集まります。北京会議ではとりわけ戦場の性暴力が大きなテーマの一つになりました。そこにはフェミニストの上野千鶴子さんたちはもちろん、反基地運動リーダーでもあった高里鈴代さんなど沖縄の女性たちも参加していました。そうした女性の人権を守る運動の蓄積があって、少女暴行事件があったときに、これはわれわれの問題なんだということをちゃんと主張して動いてくれた。

彼女たちは、政治や外交、防衛といった視点でとらえられがちだった基地問題を女性の人権侵害ととらえました。そして、戦後史の隠れた性被害に焦点を当て、米兵による性犯罪の掘り起こしを始め、現在も続けています。見えてきたのは数え切れないほどの被害と、女性が泣き寝入りせざるをえない実態です。基地問題は私たちの問題だと。それが沖縄のたたかいにとっても大きかったと私は思いますね。

三上　そうですね。北京会議は性暴力についての大事な契機になりました。そして少女暴行事件は、沖縄の基地問題に多くの女性が参加するきっかけとなり、沖縄メディアの中でも、島さんがおっしゃっていた「基地問題は男の仕事だ」みたいな感覚をただしていくことにもつながったわけですね。

辺野古新基地建設を阻止しようとキャンプ・シュワブのゲート前に座り込む人々

第2章
普天間・辺野古の20年と「オール沖縄」

1　普天間・辺野古問題の20年

20年前の報道で後悔していること

島　普天間・辺野古問題は20年を迎えましたね。１９９６年4月、当時の橋本龍太郎首相とモンデール駐日大使によって「普天間返還」が発表された。それがいまだに解決されないどころか、ますます混迷を深めています。

三上　やっぱり私は、この問題で県民のたたかいの起点は１９９５年だと思います。あの少女暴行事件があって、県民の米軍基地への怒りが爆発した。これに抗議する県民総決起大会には8万5千人が参加し、本土復帰以降最大規模の集会になった。それで、当時の大田昌秀知事が米軍用地の使用に関する代理署名を拒否し、もう土地は貸さないと言った。これに日米両政府がびっくりして、このままでは日米安保が揺らぎかねないとなった。そこで、いままで真剣に取り組んでこなかったけれども、普天間基地という県内でも一番危険と負担の大きいものを返そう、ということになった。ようやく動かない山が動いた、朗報だとほとんどの人が解釈した。まず私たちメディアがそう報道してしまった。それがそもそも政府のストーリーに乗っかってしまう、間違いの第一歩だったんです。

島　それが96年4月15日のＳＡＣＯ（沖縄に関する特別行動委員会）の中間報告として発表されました。そこには、「今後5～7年以内に、十分な代替施設が完成した後、普天間飛行場を返還する」と書かれていました。

三上　この時点での報道の間違いについて、私は、ずーっと後悔しているんです。あのときに、ちゃんと合意文章を丁寧に読み込めば、県内に代わりの施設をつくった後に返還すると書かれていたんだから、少なくとも「県内移設」「たらいまわし」であって「全面返還なんて言えるものではない」とニュース原稿に書くべきだった。でも当日そう伝えたメディアはなかった。私みたいなローカルニュースのキャスターでもだれでも、あの日即座に「騙されてはいけない。これは県内移設で新たな負担を強いるものかもしれません」と警告するジャーナリストの一人でもいれば、この20年の苦しみはなかったと思うんですよ。それを、5～7年のうちには全面返還されると、まるで朗報のように伝えてしまった。そういう報道を見て、日本政府は私たち沖縄県民のことを少しは考えてくれたんだ、そう受け止めた県民は多かったと思うんですよね。

島　あの文書には「県内移設」という表現はありませんでしたが……。

三上　そういう表現ではなかったけど、「沖縄県における他の米軍の施設及び区域におけるヘリポートの建設」と書いていました。私、翌日に出勤だったんですよ。新聞で「中間報告」の全文を読んで、もしかして、これは大変なことになるんじゃないかって思ったんだけど、すぐにはそこに焦点をあてた報道ができませんでした。

島　いまおっしゃったその日の琉球新報を見ると、喜びの声とともに、県内移設に対する困惑の声が結構大きく載っているんですよ。正直、喜び半分、困惑半分というようなトーンだった。三上さんはそうおっしゃるけど、沖縄の人は、「これは何か起きるな」ってわかってたんじゃないかと思います。

三上　でも私、ついこの前の4月12日に県庁前で開かれた普天間返還の日米合意20年の集会に行って、「当時のことを覚えていますか」ってインタビューしてまわったけど、「あのときは普天間が帰ってくるって思って喜んだ」「信じられないと思った」ということをみんな口にしていましたよ。

島　まあ、そうですね。おっしゃる通り、多くの人はわーって喜んでましたよね。

三上　大田県知事も、どちらかというと手柄顔だったと思います。「どこを返してほしいかって言われて、普天間と言ったのはぼくです。いよいよ動くんだと思った」という話を繰り返し語っていました。メディアも、知事がはっきり抵抗を示した帰結である、というふうに伝えていましたし。そして、代替の「ヘリポート」も最初のうちは海上に浮くフロート方式で、撤去可能であると。「そんなことができるのかなぁ」とは思いましたが、沖縄のどこかを削ったり埋めたりして永久基地をつくるというイメージは即座にはありませんでしたからね。すぐにでてきたプラン「メガフロート構想」は国内企業の売り込みで、政府との癒着などが取りざたされて、すぐに消えていきました。その後、いくつか候補地の名前があがるたびに現地に行き、反対集会があり、と振り回されてきたという感じですね。

島　普天間飛行場の「返還」は大きく変わっています。１９９６年4月に橋本―モンデール会談で普天間飛行場を返還すると合意して、9月には橋本首相が沖縄にきて、海上ヘリポート案を提起します。そのときは海上に浮かべるフロートか、サンゴ礁のリーフ内浅瀬の埋め立てかなど工法はいろいろでしたが、基本的にはヘリコプター用の小さな基地でした。98年の県知事選挙で大田昌秀知事を破った稲嶺恵一氏は「軍民共用空港、15周年使用期限」という公約を立てて当選します。滑走路をもつ空港なんだけれど、15年米軍が使用したら、県民に返して、民間空港としても利用する――という計画です。しかし、日本政府は選挙のときだけ考慮するふりをして、稲嶺氏が知事になったら知らぬ存ぜぬという態度に終始しました。沖縄側の態度が硬化してしばらく計画は動かなくなった。そして、小泉純一郎首相になった2006年、海を埋め立てて、滑走路をV字型に2本建設する新しい計画を強引に決めてしまいます。

96年に「普天間代替施設」と呼ばれていた計画は、いまや、長さ1800メートルの滑走路がV字型に2本、強襲揚陸艦が停泊できる桟橋をもち、弾薬庫が集約された基地計画になっています。ですから沖縄では「普天間代替」とはもう言いません。現在の普天間飛行場よりも機能が強化された、新しい基地をつくるんだ。つまり「辺野古新基地建設」なんです。

三上　日本中がいまだに普天間基地を返すのは沖縄県民のためで、だから辺野古は仕方がないというストーリーを信じ込んでいます。そうじゃなかったんですという訂正が全国に行き届くまで、しつこくても伝え続ける責任があると思っています。

島　いま、安倍晋三首相、菅義偉内閣官房長官ともに、辺野古新基地建設を「世界一危険な普天間飛行場の返還のため」と言っています。私は日本中の人が96年の報道が原因で辺野古は仕方ないというストーリーを信じているわけではないと思います。沖縄の問題を沖縄の中だけにとどめたいという無意識の産物だと思っています。

戦後70年の2015年の世論調査で、日米安保を支持する、維持すべきという国民は86％に達しています。しかし、日米安保の負担である、在日米軍専用施設の74％は沖縄に置き続けている。沖縄には基地が多すぎるから、どこか他府県にもって行ってくださいと要求しても、どの都道府県も市町村も応じない。日米安保は重要だけれど、基地は迷惑でいやだと言う。“Not In My Back Yard”（自分の裏庭・近所以外なら）で、「米軍基地の必要性は認めるが、自らの居住地域にはつくらないでくれ」という迷惑施設なわけですから。

沖縄は基地が多くて大変でかわいそうだけど、自分のところで引き受けるのはまっぴらごめん、という意識。また、最も多いのは米軍基地の問題は自分には関係ないという無意識、無自覚。そこを変えていきたいと思っているんです。

安倍政権になって集団的自衛権の行使、安保関連法と続き、憲法改正の動きもすぐそこに迫っています。それは戦後ずっと沖縄に日米安保の負担を押しつけて、防衛や外交はお国にお任せ、と無関心でい続けた。だから国の根幹を変えるような憲法解釈、法改正の動きについていけず、「中国の脅威」とか「抑止力」という、実態は何がなんだかわからない言葉に踊らされて押し切られてしまったのではないかと思います。

三上　いまだに全国の人たちは、沖縄の基地負担を軽減するために普天間基地をどこかに移すんだ、そのためには税金を使ったって仕方がない、それは海のほうが幾分はいいよね、といういふうにしか思ってないでしょ。そうじゃないです。オスプレイありき、辺野古ありきで進められた計画ですよと、沖縄の新聞も私がいたテレビ局もさんざん報道してきたんだけれど、全国の認識を変えるまでには至っていません。少女暴行事件がこの問題の基点だったということは、忘れている人も多いかもしれませんが、私はあの県民の怒りが普天間返還という名の辺野古の新基地建設に反動として利用されていく。そのことがどうしても許せないんです。１９９５年のあの事件と96年の自分たちの浅い報道が招いたこの20年の紆余曲折みたいなことを、私は繰り返し考えています。ですから、それをまともな路線に戻すまでは自分の仕事は終わらない、って思っています。

辺野古新基地は出撃基地

三上　辺野古に新しい基地をつくることによって自然に対して影響がでてくるという視点も大事だと思いますが、私は、あの基地をつくってはいけない一番大きい理由は、そこが総合的な出撃基地になるから、つまり標的になるからです。新基地ができれば、強襲揚陸艦であるボノム・リシャールが配備されます。港もないところに上陸して襲いかかることができるのが強襲揚陸艦。甲板にはオスプレイが搭載され、艦内には水陸両用車を抱いて、アメリカが「ならず者国家」だと呼んだところにでて行くことになる。その基地を自衛隊も一緒に使うということになったときに、世界はどう見るでしょうか。日本人は中国は軍事的に強大化してこわいとか、日本を襲うかもしれないとか言いますが、中国にしてみれば、一番近い沖縄に、核兵器もあったとされる弾薬庫につなげる形で軍港と滑走路2本を新たにつくられるわけでしょ。しかも、日本が自分の意思で自分のお金でつくる。さらに与那国、宮古、八重山に新たに自衛隊の部隊を置き、近くにきたら撃つよということになれば、中国からしたら煽っているのはどっちですか、ということになる。

島　私が辺野古新基地建設に反対するのは、何より沖縄のためにならないからです。「沖縄の抑止力が高まる」なんてとんでもない誤りです。日本政府は沖縄に米軍基地を置く理由について、「沖縄は地理的優位性」があり「抑止力」になっていると説明してきました。でも、米国の言っていることはまったく違います。

米クリントン政権で普天間飛行場返還の日米合意を主導したジョセフ・ナイ元国防次官補（現ハーバード大教授）や、対日政策の重鎮カート・キャンベル前国務次官補は沖縄に集中する米軍基地を「かごの卵」と評しています。

ナイ氏は、リチャード・アーミテージ元国務副長官との連名で、超党派の対日専門家による政策提言書「アーミテージ・ナイ報告（レポート）」を発表し、日本に集団的自衛権の行使容認などを求めてきました。同レポートは安全保障面で日本が世界各地で貢献を拡大するよう迫ったほか、原発再稼働、環太平洋連携協定（ＴＰＰ）への早期参加などを提言しています。それは安倍政権の外交戦略の〝マニュアル〟とも言われています。

そのナイ氏は朝日新聞のインタビューで、沖縄に集中する米軍基地について「中国の弾道ミサイル能力向上に伴って、その脆弱性を認識する必要がでてきた。卵を一つのかごに入れれば、（全て）

壊れるリスクが増す」と指摘しました。つまり沖縄に米軍基地が集中する状態は、中国のミサイル1発で打撃を受ける、かごの中に詰め込みすぎた卵のように弱い、と言っているのです。沖縄から見れば、米軍基地のために沖縄自体が標的になる危険がある、ということです。実際、米国は海兵隊の機動性を強化して沖縄と韓国に置いていた部隊をオーストラリアやグアム、ハワイ、沖縄、佐世保、韓国などを周回するローテーション配備に変えてきています。すでに新しいアジア戦略を始めているのです。

米側から見れば、「一つのかご」かもしれませんが、ここに住んでいるのは私たち県民です。米中の緊張関係の中で、何かあったら、中国のミサイル一つでやられてしまうのは、米軍というより、実際に沖縄に住む私たちです。沖縄の人たちは、基地が集中する中で、いまのままでは自分たちに危険がおよぶと、肌感覚でわかっているような気がします。特に戦争を経てきた先輩方は。

2005年の日米外務・防衛閣僚協議（2プラス2）では、辺野古新基地で日米共同訓練を強化するとうたっています。つまり、普天間の代わりに米軍が使うという側面とともに、自衛隊も使うということなんです。自らの拠点が増えて喜んでいるのはだれでしょうか。辺野古新基地は1兆円以上かかると言われています。すべて日本政府が支出してつくるんです。こんな巨額な税金を投入するにもかかわらず、沖縄の基地負担軽減にはなりません。

元駐留米軍夫人の言い分にびっくり

三上 「標的の村」の上映会がニューヨークであり、私はスカイプで参加したんです。会場のみんながアメリカ軍が沖縄という日本の島で行ってきたことにショックを受けている中、ある女性がいたたまれない感じで発言をしました。彼女は沖縄の基地に駐留していた軍人のご家族でした。「基地が悪いって言うけど私はウェルカムされた。ものすごく貧しかった沖縄を豊かにしたのは私たちアメリカ軍が駐留したからなのよ。あのマンゴーやパインも私たちがもちこんだのよ。いま、沖縄のスーパーにいっぱい食べものが並んでいるけど、アメリカ軍がいなかったらそうはなっていないはず」というトンデモ発言だったの。だから、私たちと同じ島で同じ空間に住んでいても、軍の中にいるとそういうふうに教わるんでしょうし、誤解だらけ。基地に反対しているのは一部の人で、大多数は歓迎している、と彼らは聞いている。

島 「沖縄の人は、別にアメリカ人が嫌いなわけじゃない。基地が嫌いなんですよ、迷惑だから」ということがわからないのよね。だれでも自分の存在意義は正当化したいでしょう。沖縄にいる米軍人、軍属は日本政府の要請でいてやっているんだ、という意識しかない。事実、日本政府はお金までだして駐留させてるんだから。

三上 海兵隊を沖縄に置いてほしいと思っているのは日本政府です。アメリカの政府関係者も軍関係者も、海兵隊は沖縄に縛りつけておく意味はないと発言してますよね。でも日本の人たちは、アメリカが置きたいと言っているからだって思いたいんですよ。60年安保、70年安保では、安全保障体制においてほとんど植民地同然の日本を憂い、アメリカと違う関係性を築きたいと思って体を張った人たちがたくさんいた。それなのに、いつから何も考えない日本人が多くなったんでしょうか。いまでは安保闘争はなんだったのかということさえも語られなくなっている。結果的に日本はアメリカの植民地であり続けているわけですが、最近は、孫崎亨さんや矢部宏治さんの本などでそれが共通認識になりつつあります。独立国の体をなしていない日本政府にどれだけお願いしても、基地の現状を変えることはできない、ということになりますよね。

島　普天間移設問題に関わってきた防衛省の事務次官だった守屋武昌氏を取材したことがあるんですね。１９９６年に内閣審議官として普天間問題に関わり、２００３年に防衛庁の事務方トップである事務次官になって防衛庁を防衛省に昇格させましたが、在任中の収賄などによって有罪判決を受けた人です。そのときは収監される直前でした。守谷氏は、宮城県の造り酒屋の息子なんですが、終戦後は近くに米軍基地があり、地域の伝統的な神社の石段が崩れるのもかまわずに米軍戦車がキャタピラで上がっていったのを見て、大きなショックを受けた記憶があるんだそうです。

１９５０年代後半に反米軍基地の運動が全国各地で起き、滋賀県などにあった海兵隊の基地が普天間やキャンプ・シュワブにもってこられるわけです。インタビューで守屋氏は、「反基地闘争というのは、自分たちのところから基地が見えなくなったら沈静化し、なくなるんだ」ってことです。だから「辺野古でも、実際に基地がつくられて、普天間のような市街地の人々から基地が見えなくなったら、反基地運動は終わる」って言うのです。彼の持論は、「つくってしまえばこっちのものだ」というものだったわけです。

しかし実際はどうでしょう。普天間と辺野古はわずか40キロしか離れていない。狭い沖縄の中で普天間を辺野古に移動させても、沖縄の基地負担が減ったことにはならない。

三上　本土が沖縄に海兵隊を押しつけて不可視化されたことで、日本人はおとなしくなった。じゃあ、普天間が戻ってきて遠い辺野古に行ってしまえば県民が忘れると？　遠くないし。頭が悪すぎる。

島　直線距離にすれば40キロもない、しかも人が住んでいるところに、巨大な基地をつくって、目に見えなくなったら大丈夫というんです。普天間基地がもし辺野古に移ったって、飛行ルートは北部訓練場との間をぐるぐる回ってるわけだから、そこを飛び立ったオスプレイは数分で普天間上空まできますよね、日常的に。その認識のお粗末さにびっくりしました。

「オール沖縄」はどうつくられたか

島　普天間・辺野古問題の20年といっても、反対運動上のトピックは、なんといっても「オール沖縄」の成立ですね。

三上　オール沖縄ができあがっていく過程に関していえば、ほんとに地響きのような、うねりのような動きで、それを現場にいながらずっと感じ続けてきました。２０１４年はものすごくダイナミックな年だったと思うんですよ。

島　その前年の2013年2月に安倍首相が来県して辺野古新基地建設を表明し、11月には自民党の石破茂幹事長が沖縄の国会議員5人を呼びつけて会談し、それをうけて自民党県連は辺野古移設を容認したわけですね。そして12月、仲井眞知事が沖縄防衛局の埋め立て申請を承認してしまった。2014年の初頭は、そんな切羽詰まった状況でしたね。

三上　そのころは翁長雄志さんが知事選にでるかどうかわからなかったし、オール沖縄ができるなんて考えもしなかった。私は結構ペシミストなんで、ここまできたらどうたたかえるんだろう、18年も建設を止めてきたけど今度こそもうダメだ、今度はやられる、って思っていました。

島　それが1月の名護市長選で辺野古移設反対を掲げる稲嶺市長が再選された。県議会では、仲井眞知事の公約違反に抗議し、辞任を求める決議を賛成多数で可決した。一方、沖縄防衛局は8月に海底ボーリング調査を開始し、本格的な海上作業に入り、これに抗議する人たちとの攻防が日増しに強まっていきました。そして、11月の県知事選が迫るなか、翁長さんがオール沖縄を掲げて立候補を表明した。2013年1月に、県内全41市町村の首長と議長たちがオスプレイ配備の撤回と普天間基地の返還、県内移設断念を求める「建白書」を安倍首相に提出しましたが、以来、翁長さんはオール沖縄の機運を高める中心的な人物でしたから。それで辺野古をめぐる攻防戦の潮目が変わりました。知事選の結果は、仲井眞知事の大敗、翁長知事の誕生となったわけです。

三上　流れを変えるうえで、保守の一部に加えて経済界の動向も大きかったですね。沖縄経済にとって基地の貢献度が5％以下だということは県内では定説といえば定説だったんだけれども、保守の人や経済界はここには踏み込みたくないということでずーっときたわけです。それが県内大手観光業の「かりゆしグループ」の平良朝敬さんとか、建設・小売大手の金秀グループの呉屋守将会長であるとかの有力経済人が翁長支持に回った。

島　それは大きかったですね。私は、政治状況には経済のバックボーンがあると常々思ってきましたが、基地が儲かる存在でもないうえに大きな被害を及ぼしている、という認識がハッキリしてきたと思うんですよ。沖縄経済で大きな比重を占めるのは観光業ですが、沖縄の観光業のリーダーが「観光は平和産業」と指摘し「沖縄の地理的優位性を軍事的優位性から経済的優位性に変えていきたい。基地は沖縄の経済発展の最大の阻害要因だ」と話しています。

三上　しかし2016年中盤のいま、オール沖縄を快く思わない勢力が県内でも声を上げていますね。先日も国際通りで「オール沖縄はもう終わりました」と街宣して回ってる人たちがいました。「市町村長たちは建白書の内容について署名したのであって、翁長さんのオール沖縄を支援したわけではありません。その証拠に宮古の下地市長や石垣の中山市長は離脱したじゃありませんか。経済界も心が離れています」ってね。オール沖縄は全沖縄じゃないといって突き崩そうという勢力は県内外にある。

島　菅義偉官房長官は「オール沖縄は現実と比べてきわめて乖離《かいり》していると言ってきた」と言っています。県内11市のうち9市長が参加していないのはオール沖縄ではないとも話しています。沖縄の民意を「オール」だと認めてしまうと、辺野古移設を強行している安倍政権が民意に反していると認めてしまうことになりますから。

私は、2014年の衆院選でオール沖縄の選挙を取材するために解散の翌日から沖縄に入りましたが、衆院4選挙区すべてでオール沖縄の候補者が勝ちました。つまり自民・公明の候補者は全員負けた。争点になったのは米軍普天間飛行場の移設問題です。それが争点になった選挙では、すべて移設反対派が勝ちました。

そこで見たのは、普天間飛行場の辺野古移設を受け入れた自民党衆院議員への強い逆風でした。自民党の現職衆院議員だった候補者がこう語っていました。街頭演説中、通りかかった車からバッテンの合図を送られたり、窓が開いて運転手が彼に向かって「バカヤロー」と叫んだ。「（民主党が政権をとった）2009年の選挙のときも自民党には逆風だったけど、こんな罵倒されることはなかった」と、述懐していました。自民党への逆風、つまり辺野古移設はノーだということです。

全国的には自公が絶対安定多数を維持した衆院選でしたが、沖縄では真逆の結果でした。勝ったのは1区が共産、2区が社民、3区が生活、4区が無所属の候補者。いずれも11月の県知事選で勝利した翁長雄志氏を支援したオール沖縄陣営の候補者でした。

なかでも沖縄4区はこの衆院選の象徴的な選挙区でした。4区というところは沖縄の南部です。米軍基地がないから基地問題は争点になりにくい、保守的な地盤です。前述の自民現職で総務副大臣の西銘恒三郎氏と無所属新人の仲里利信氏の一騎打ちとなり、仲里氏が初当選を果たします。仲里氏は自民党の重鎮で元県議会議長。昨年まで西銘後援会の会長を務め、西銘氏の最大の支援者だった。その〝師弟関係〟の二人を裂いたのは米軍普天間飛行場移設・返還問題でした。

選挙最終日に候補者が最後の訴えをする打ち上げ式は、同じ南風原町兼城交差点で時間を違えて開かれました。西銘陣営の打ち上げ式には、企業動員で参加したような作業服姿の人たちや同じ会社のマークの入ったジャンパー姿が目立った。一方、仲里陣営は高齢の人たちが目立った。南国沖縄にしては寒風吹きすさむ日でしたが、集まった人々のほうから候補者に駆け寄り握手を求めました。「基地はつくらさんでよー」とか「戦《いくさ》はならんどー（だめだよ）」などと言いながら。その熱気ははるかに高かったですね。

オール沖縄という枠組みは、もともと出身も主張も違う人が集まってできあがったものです。自民党から共産党まで、日米安保容認から反対まで。みんなが言うのは、腹八分でもない、腹六分だと。違いは違いであるし、選挙で応援する人もみんな違う、というのはあるかもしれない。

三上　だけど「沖縄に新たな基地はつくらせない」という一点で結束している。

島　２０１６年の参院選で、野党4党共闘が全国で成立しました。オール沖縄がモデルになって、野党統一候補が誕生した。そして福島と沖縄で自民の現職大臣が落選した。とても象徴的な出来事です。安倍政権に対抗する唯一の策としてのオール沖縄だという自覚はあるでしょう。

翁長雄志知事の発言で大変印象的な言葉があります。「沖縄は戦後70年、自ら招いたわけでもない米軍基地を間に挟んで県民同士がいがみ合ってきた。その陰で笑っていたのはだれだったのか」。住民を分断させるのは植民地政策のイロハです。その結果、基地を長年押しつけられてきた。基地植民地だったわけです。それに気づき、分断から解き放たれて県民が一致して県民の利益のために行動するという意思表示が「オール沖縄」という言葉に凝縮されたと思います。

三上　オール沖縄は、戦後70年を経て、基地の一方的な押しつけに対しては県民がこころを一つにしてたたかわないとどうにもならないのだ、と腹をくくった県民が選択した形です。そう簡単に揺らぐものではない。たくさんの悲劇、悔しさ、我慢を重ねてきた沖縄の歴史が、腹をくくった背景にあるわけですから、みくびるな、です。うしぇーて、ないびらんどー！

2 政府の和解案受け入れをどう見るか

政府のこそくな思惑は明白

島 安倍晋三首相はこの3月、代執行訴訟について、福岡高裁那覇支部が提示した和解案を受け入れることを決めましたね。辺野古新基地建設をめぐって、政府が行った辺野古の埋め立ての承認を翁長雄志知事が取り消したことに対し、政府がその撤回を求めていた裁判です。これで、辺野古での作業が中止となり、政府と県が協議することになったわけです。この和解案受け入れをどう見たらいいのか、ということですが、これも、政府のつくったストーリーがあって、参院選の前だし、沖縄に譲歩した形に見せて、それが過ぎたらまた始めましょっていう受け止めが一般的ですね。

三上　中央のメディアでは、この和解についてはどう報道されていたんでしょうか。

島　最初は驚きをもって報道されました。でもやはり、参院選ぶくみで争点化をさけるためだというのが主流でした。国が裁判に負けそうだからという判断ではなくて、国がいかにも沖縄側に譲歩したっていうストーリーになっていました。

三上　沖縄タイムス、琉球新報は、中央紙とはまったく違う報じ方をしていましたね。国が地方自治体の権限を奪う形になってしまう「代執行」という手続きは、地方自治法の精神に照らしてもそう簡単に中央政府が行使するものではない。それなのに政府が一足飛びに代執行に進んでいったことについては、裁判所も地方自治を否定しかねないと首を縦に振ることができなかったわけです。辺野古の基地建設に関しては、環境アセスの裁判から行政手続きを問う裁判までいくつも並行して進んでいます。報道するのもややこしいくらいですよね。プラス高江の裁判もある。国に抵抗する裁判を延々とたたかってきた沖縄の弁護士さんってほんとにすごいなと思います。でも、こんな形でやってきたからこそ裁判の中で和解という形で暫定的にせよ埋め立てを止める状況をつくった。現場での抵抗、議会での抵抗、本土の市民の抵抗などあらゆる場面でみなさんが辺野古に取り組んできたと思いますが、司法の場で今回止めたという展開は大きな成果だと思っています。

島　あれは、政府が冷徹に計算したうえでの対応だと思います。この代執行の裁判では勝てないかもしれないが、次の裁判だったら勝てるとちゃんと計算して、和解に応じたということがはっきり見えてきたんですよ。裁判所の和解勧告の文章を見ていただくとわかるんですけど、和解案にはこう書いてあります。

「仮に本件訴訟で国が勝ったとしても、さらに今後、埋立承認の撤回がされたり、設計変更に伴う変更承認が必要となったりすることが予想され、延々と法廷闘争が続く可能性があり、それらでも勝ち続ける保証はない。むしろ、後者については、知事の広範な裁量が認められて敗訴するリスクは高い。仮に国が勝ち続けるにしても、工事が相当程度遅延するであろう」

つまり、現在の裁判に仮に国が勝っても、埋め立て工事に関わって県側がいろんな裁判を起こす可能性が高く、それだと永遠に裁判が続くことになるし、国が必ずしも勝ち続けるわけでもない、というふうに書いてあるわけです。裁判長は国に対して、そこにヒントを与えているんです。代執行のような強制力の強いものではなくて、もっと強制力の弱い形で裁判をやり直せっていうヒントです。

三上　戦前のように、国が地方自治体をいいなりに動かそうというきわめて危険な前例になりかねないですね。

島　その最終手段を駆使して、国がいきなり提訴してきた。だけど、裁判所としては、とくに最高裁はそれにお墨付きを与えるような判決をくだすのはやっぱり躊躇すると思うんですよ。最高裁は、別に安倍政権の言うとおりになろうとか、安倍政権と心中してもいいと思っているわけではないでしょ。地方自治体がもっている権限を国が奪い取ってしまう重大性をよく認識していると思います。だからこそ、代執行ではない違う形の裁判で勝ちなさい、というヒントを与えているわけです。

それを冷徹に計算しているのがいまの政府であって、別に沖縄に譲歩しようなんてまったく考えてない。少なくとも安倍首相や菅官房長官はね。ですから、知事の埋め立て承認取り消しを是正しなさいと国地方係争処理委員会に提訴しました。その意味で、国は沖縄の意思を聞こうとはまったく考えていないということがよくわかりました。和解に応じて、政府も沖縄のことを考えているねっていうストーリーは、まったくの作り物だと私は思っています。

三上　それはまったくないですよね。知事が意見陳述をしたときに、私は傍聴席の中に入って知事の言葉を2時間半にわたって全部書き取りました。その知事の陳述を、裁判長は身を乗りだして聞いていました。ところが、翁長さんの汗をかき、何度も水を飲みながらの陳述を、陪審、つまり左右の裁判官は居眠りをしていて聞いていない。翁長さんは宣誓をして、歴史的な陳述をしているのに、カメラをまわさないのがもったいないぐらいの場面でしたね。弁護士さんたちに聞いたんだけど、翁長さんは何度も模擬法廷を繰り返して、どういう質問がきても答えられるように、資料も見ないでデータも全部言えるように準備してきたんですよ。私はいつも聞いてる話だからこれだけ書き取ることができるんだけど、でも裁判長もまばたきもしないで聞いていました。

島　沖縄の思いが詰まった陳述でした。

三上　これに対して国側は、翁長さんの言質をとるために、この判決に従いますかとか、どうやったって反対するでしょ？　ただの不平反対分子でしょ？　といったことを、何度も何度も質問する。だけど裁判長は、国に対してほかの手続きを考えなかったのかとか、あのやり方はおかしんじゃないのっていうことを、遠回しに言う。これは何かのメッセージなんだなと私も思ったんです。島さんもおっしゃたように、国がずっと勝ち続けることはできないと、ヒントになるようなことを何度も言ってるんですよ。日本語としてはあまりキャッチボールはできていませんでしたが、国側もなんかエッていう感じになって、このまま進めていたら不利なのはこっちなんだなっていう空気は、そのときにはわかりましたね。

裁判長は、もう一つ「根本的な和解案」も出していましたよね。

島　「県が承認取り消しを撤回した上で、国は新基地を30年以内に返還するか、軍民共用にするかを米側と交渉する」というあれですね。

三上　そっちの和解もありえないけど、政府が受け入れた「暫定的な解決案」で言っている「工事を中止した上で、県と協議する」というのも、「中止」って言葉はとても強いものだから、その和解はもっとないと私は思っていたんですよ。国側は旗色が悪いんだなとあの日に感じてはいましたが、まさか作業の中止を受け入れるとはね。それは知事が埋め立ては取り消しましたという状態に戻るということですから、いまこの瞬間、誰もあの海をもう埋め立てられない。何人《なにびと》たりとも大浦湾に石一つ入れることは許されない、という状態に戻すというのは、辺野古に座り込んでいた人たちにとってはものすごいことですよね。

そのとき辺野古の現場では

島　それはやはり反対運動があったからこそであって、それがなかったら、もう押し切られてましたよね。

三上　受け入れが表明された3月4日は、たまたま、沖縄の楽器「三線」を県民が一斉に演奏する「さんしんの日」で、座り込み現場も朝から楽器や衣装をもった人が詰めかけてあわただしい日でした。去年の「さんしんの日」は、道路事務所がテントを撤去するかどうかでもめてたときだったんですよ。小雨が降ってるなかで、三線をひくから待ってくれと必死に抵抗する人たちをよそに、テントも撤去されるという心がかきむしられるようなシーンがありました。

で、今年は、トラックの搬入があって一番もめる時間に当たる早朝に、祝いの席には欠かせない「かぎやで風（かじゃでぃふう）」を演奏して工事を止めるのだということで、朝6時半の真っ暗なときから、師範クラスの人たちも含めて30人ぐらいが三線をもって集まっていた。衣装を羽織って、真っ暗な中で練習するという特別な光景でした。で、ゲート前で演奏をはじめて、2曲目に入るぐらいのときに、機動隊がトラックでダァーっと押しかけてきた。師範も踊り手も両脇をかかえられ、三線をもったまま排除させられるという、ほんとに悲しい光景でした。座り込みのリーダーである（山城）博治さんも、「これは文化行事なんだ、沖縄の文化をバカにするのか。なんで1曲や2曲待てないんだ、お前らは」って怒鳴っていました。

それでも第2回目をやったりしたんですが、演奏を台無しにされた怒りでダイインまでして、疲れ切って道路の上に寝転がったりしてたんですよ。そしたら社民党の参議院議員である照屋寛徳さんがきていて、「和解」のニュースが現場に伝えられたんです。「ただいま国が和解に応じたという情報が入りました」って言ったから現場は騒然となった。博治さんなんか「ヒィーヒィー」って、あんな泣き方をする大人は見たことないくらいに泣いている。まわりもみんな泣いていました。

ですから、国が建設をあきらめたわけではないし、もっと有利なポジションをとるための和解策だということは百も承知なんだけれども、そんな解釈はいい、とにかくいまは喜びたいという心境でした。

島　工事をやめたわけではなく、事実上は中断なんですから、新聞は「中断」という言葉を使いましたが、中止は中止ですよね。

三上　遠足の「延期」だったらいつか行くけど、「中止」っていったらもう行かないということじゃないですか。作業の中止は20年近い抵抗が引き寄せてきた地平だし、いままで工事を止めるためにがんばってきた人たちの面影が走馬灯のようにめぐります。その間、座り込みをしていたたくさんのおじい、おばあが、グソー（あの世）にいってしまいました。辺野古のリーダーたちはなぜかみんなガンでいってしまう。金城裕治さん、当山栄さん、大西照雄さん、佐久間さん……。片手が不自由だった三線弾きの金城さんとか、辺野古のヒサボウって呼ばれていた、ちょっとユニークな人気者で、小さい船をもって反対運動に加わっていた辺野古の人も、みなさん亡くなったのね。でも、「とにかく止めるところまできた。これを喜ばないでどうするの」っていうのが現場の実感なんですね。メディアの人などが、「これで安心しちゃいけない」とか「絶対国はまたやってくる」とか言う、それはわかってるけど、いまは喜ぼうよって。

島　おっしゃるとおり、1秒ずつみなさんが止めていたことが今回の「中止」という形になったんだと思います。この人たちのたたかいがなければ、この裁判もなければ和解もなかったんですから。

3 辺野古・高江のたたかう人々

たたかう現場には様々なドラマが

三上 それにしても、辺野古の座り込みには様々なドラマがありました。12年前の２００４年には、ボーリング調査のために建てられた海上のやぐらに24時間、座り込んで作業を止めたんです。私は船には強いから、船の上で寝泊まりしながら取材してましたけど。知ってます？ そんなとき女性がトイレをどうしてたか。

島 どうしてたんですか？

三上 悲惨だったんですよ。浜のトイレまでは遠いから、一人のトイレのために船で港に行くとなんか１００％できない。まあ、男性スタッフはみんなその場でするよね。だけど女性は、16時間とか海の上にいたら、遠い沖合何キロもあるところだから、海の中でする以外にないわけです。みんな岸のほうを向いて座っているから、後ろのほうからそろーっと降りていく。もう、見ない約束ですよね。だけど、腰までつかってトイレしたら、ウエットスーツとか着ててもほんと冷えるわけ。女の人って体を冷やしちゃいけないでしょ。夏でもそうなのに、冬はさらに大変。

島 じゃあ、言わなくてもいいのね、みんなに。

三上　「ちょっとこっち見ないでね」ってお茶目に言える人もいましたね。やぐらの周りには防衛局の人も作業員の人たちだっている。でも、この人たちもみんな見ない。暗黙の了解を共有している感じです。そうした日々を乗り越えてきたんだから、喜んでも一息入れてもいいんだって思います。

２０１４年からのゲート前の座り込みも悲惨だったけど、そのやぐらがあった時期の24時間の海上闘争の日々はもっと大変でした。いまは海上保安庁の隊員と対峙しているけど、当時は傭船《ようせん》で雇われている漁師が抗議船とぶつかっていた。辺野古の漁師対反対運動という構図だったんですよ。地域の人同士で本来はいがみ合う必要もないし、あなたがたは敵じゃないよって言ってましたが、「戦場ぬ止み」の映画にも出てくる仲村船長なんかは反対運動憎しで、反対運動の人たちに「船のスクリュー向けて、刻んでやる！」なんて凄んでたこともありましたね。辺野古の歴史も理解しないできれいごとだけを言っている、うんざりだと、漁師たちは反対運動をよく批判していました。

でも、80歳を超えているのにカヌーで抗議活動をしている平良悦美さんなど、なんとかその漁師たちとも、防衛局の人とも人間として向き合おうと努力をされていました。朝から晩まで、寒いときも暑いときも、トイレの瞬間もずっとそこにいるわけですから、名前を聞いて話しかけたりしていました。悦美さんがお弁当にバナナをもっていてね、「ちょっとあんた、ご飯食べたの、私はお腹一杯になったんでバナナはもういらないからあげるよ」て言ったら、「いいです」って言うのね。「そんなに遠慮しないで、ほら投げるよ、せぇの！」って投げるとバナナをキャッチしたんで笑いが起きて、「あんた名前、なんねぇ」って聞いたら「宮城です」って。そこで隙ができて名前を言っちゃうと、次から宮城さん、宮城さんって呼ぶでしょ。するとこの人は顔のない防衛局員じゃなく「宮城さん」になっちゃうんですよ。

島　おもしろいお話ですね。

国がかけたいやな魔法がとけるとき

三上　ヤンバルの森に米軍のオスプレイパッドはいらない、ってがんばっている高江でもまったくおんなじ。バレンタインの日に、座り込みをしている住民のお母さんたちがチョコレートをもってきて、「バレンタインだからあげるよ」って言うんだけど、作業員の人たちは「いらない」って。「もらって悪いことないし」と言って作業員と追いかけっこになる。「つかまえた」と言って作業員のポケットにチョコレートを押し込むと、笑いになって、マスクを外してお話しするはめになり、そうなると作業員の人たちは「もう高江にはきたくない」って。仕事だからそこを押し殺してきているんだけど、対立の構図が崩れる。「お互い島で生きている同士でしょ」ってなると、国のかけたいやな魔法がとける。人間っていいなと思える瞬間ですよね。

それでも結局、辺野古でも高江でも作業車は入ってしまうし、土砂は入れられる。この抵抗ってなんだろうって思う。例えばね、うちの夫にこういうドキュメンタリーを見せても、きっとイライラするんでしょうね、「こんなことやっても止められてないじゃないか。他にやることあるだろう」って言ったりする。でも、「他にやることは全部やってる。全部やっても止まらないから現場で止める以外にないんだよ」って言いたい。県に要請したり、国に要請したり、議会で決議したり、選挙で民意を示したり、裁判をやったり、プラカードもって立ったり、署名活動をしたり、ありとあらゆることをやっても、現場で止めないかぎりは、工事は進んでしまうんだからね。

よく水道に例えられるけど、水道から汚い水がでているときに、手で蛇口を止めていても、汚い水は飛び散って下に溜まるし、この手はいつか疲れる、でもこの手を外したらもうダメなわけでしょ。だからこの手を離さず、誰かが蛇口を閉めてくれるのを待っているわけです。蛇口を閉めることができるのは政治です。その政治を動かすのは国民一人ひとりでしょ？ その人たちに訴えようと私たちは座り込みをしてるんだと思うんですよね。

だから、いまは朝起きたら空気がおいしいわけ。だって、知事が埋め立てはしないって言ったことが、裁判で認められている世の中なんだから。「今日、大浦湾が埋め立てられるかもしれない」って心配しなくていいだけで、空気がおいしいもの。次の攻防のときまではね。

島 ほんとですね。沖縄の人同士がぶつかり合わずにすむだけで、うれしいですよね。知り合いの息子さんがまだ20歳代の警察官なんです。彼は辺野古の警備に就かされた。すると仕事として座り込みをする反対派のおじさん、おばさんたちをごぼう抜きにしなけりゃいけない。そのおじさん、おばさんたちから「あんたはウチナーンチュでしょ。この海に基地をつくらせたいの？」とか、「こんな（警備の）仕事、したくないでしょ」とか言われる。敬老精神の強い沖縄の子たちにとっては相当こたえるんです。彼は精神的にきついと願い出て、辺野古の警備から外してもらった。権力者の側は高見にいて、沖縄人同士を基地を挟んでいがみ合わせている。これも植民地政策だと思います。

三上　本当にね。警察官はみんな、「この仕事、ムリです」と上司に言えばいいと思う。沖縄の青年の心を歪めないでと言いたい。でも、いまは警察官にも海保の人にも笑って「おはよう」って言える。「いまは埋めちゃいけないって、知ってるよね」って言いたい感じ。海保もその日から対応が丁寧になって、3、4日前も水中の取材に行きましたが、「大丈夫ですか、ここは潜っちゃいけないんですよ」「雷注意報がでてますから、気をつけてくださいね」って言うから「わかってます、ありがとう」って。でも、和解して2カ月もたっているのに、コンクリート製のアンカーは撤去されていません。あれが、大きいから海底をすごく荒らすんですよ、日陰もつくってしまうし。

島　もう法的根拠はなくなった。早く全部撤去してほしいですね。

4　勝てないとわかっても引き継がれた沖縄のたたかい

勝ったたたかいもあったけど

三上　戦後70年間、沖縄がアメリカによって統治されて以降、様々なたたかいが続けられてきま

したが、相手の考えや計画を変えられたことってほんとに数えるほどしかありませんでしたね。昆布闘争とか恩納村の闘争とか……。

島　具志川村昆布で１９６６年、米軍がベトナム戦争の軍事物資集積場にするために土地収用をかけてきたとき、住民はテントを張ってたたかった。米軍の襲撃も受けたけど、5年にわたるたたかいの末、収容をはねのけたというあれですね。恩納村では１９８９年、アメリカ軍の特殊部隊が実弾を使って訓練をする都市型の実弾訓練施設がつくられることになったとき、村民は24時間態勢の座り込みで抵抗し、ついに計画を断念させました。

三上　それで状況がほんとに変えられたのかって言われればそうではないけど、何もしなければ全部負けていたわけです。でも、最近の大学生などは、「やったってムダでしょ、日米両政府が決めたことに勝てたことなんかないじゃない」って言う。昆布とか恩納村のたたかいを私たちは知っているし、見聞きしたことがあるけど、若い世代は一回も勝ったたたかいは経験していませんからね。

昔のビデオとかを取り寄せて見てみると、おばあたちは夜中でも、サイレンがなったらすぐに米軍の進入路に座り込めるように洋服を着たまま寝ていた。座り込みをしていて県警にゴボウ抜きにされるときのおばあたちの映像も残っていますが、おばあたちは泣きながら、「あなた、また戦《いくさ》がきてもいいんですか」って言って抵抗している。ほんと涙がでます。

島　とにかく恩納村は団結して勝ちましたね。1年半ぐらいで決着がついたから、ほんとによかった。でも辺野古は19年もたたかい続けている。いまここで譲れば沖縄はどんな島になってしまうのか、ここで負けたら後がないというぐらいに、辺野古は大きな存在になっています。

三上　名護市議になった東恩納琢磨さんのお母さんの東恩納文子さんは、もう亡くなりましたがすごいおばあでした。２０００年に名護市で開かれた沖縄サミットのときに、私は畑でインタビューしてたんですよ。そしたら、文子さんが「話は違うけど、沖縄にきているクリントン大統領に会えないかね」って言うの。私がマスコミの人間だから会わせてくれるかもしれないって思ったんじゃない。で、「会ってどうするの」って聞いたら、「ダイナマイトをここに巻いて抱きつく」って言ったの。私はビックリして、「おばあ、それじゃテロになっちゃうよ」って、あはははって笑ったんだけど、彼女は冗談ではなかった。「それで辺野古問題が終わるんだったら、私はやる。息子があわれでしょうがないから」と言うんです。

その東恩納琢磨さんは、私が初めて、テレビのインタビューに引っ張り出してしまったんです。辺野古賛成の意見がなかなか撮れなくて、建設会社の社長さんとなんとかアポをとって事務所で待っていたのね。そこにいた作業員を眺めながら、この人たちもきっと仕事をもらいたいし、基地に賛成なんだろうと思いながら、つなぎの作業着を着ている琢磨さんに「やっぱり、賛成なんですか」と聞いたら、「ぼくは、ここで生まれ育ったから、あまり埋め立ててほしくはない」って。「えっ！　どこのお生まれですか」とカメラを向けると「いやぼく、困ります」と言って、つかんだ腕を外そうとする。嫌がるその腕をつかんで外の海の見えるところまで引っ張っていき、ようやく「ぼくはここで産湯をつかって、ここで遊んだから、これ以上埋めたくない」と言わせてしまった。私もまだ若かったから、編集しながら、この人の仕事がなくなるんじゃないかなとうすうす思いながら、でも放送で流したのね。

島　それで、彼の一生を狂わせてしまったんじゃないかとずっと気になっていたんじゃない？

三上　そうなの。その後まもなく、大浦湾沿岸の「ヘリ基地いらない二見以北10区の会」ができたので電話をしたら、琢磨さんが中心人物になっていることがわかったの。「仕事を辞めたのは、もしかしたら……」って言うと「ええ、そうですよ。大変ですよ、三上さんのせいで」って笑いながら言うんです。「でも踏ん切りついたからよかったけどね」って。私はガァーンときて、この家族はどうなるんだろうと思ってさ。だから私、彼が仕事を辞めてしまったのは自分の責任だから、琢磨さんがやることは全部応援しようと思って、彼を中心にしたドキュメンタリーを二つも三つもつくるんですよ。

お母さんの文子さんにも、取材に行ったとき「私のせいで琢磨さんは仕事を失ってしまったの。ごめんなさい」って謝ったら、「仕事はいつでも戻る。だけどこの基地は一回つくらせてしまったらもう変えられない。だから私が反対がんばれって言ったの」と言う。「あんたのせいではないよ」と言ってくれた、ほんとに素敵なおばあだったんですよ。でも何回目かのインタビューのときに、「息子は仕事も辞めて何年も反対運動をやって、家族も苦しい思いをしているのに止まらない、だからダイナマイトを」って言ったわけです。

沖縄戦をくぐり抜けてきた島袋文子おばあも同じような話をするんですよ。いつも「ダイナマイトをもってこい」って。

島　一般論で「テロはいけない」なんてだれでも言える。でも、テロしか抵抗手段がないところに何十年もかけて人を追い込んでいく、その構図を問わずにテロが悪だと言っても何も解決しませんからね。

三上　悲しいけど、おばあたちがダイナマイトを爆破させても、その命と引き換えても事は終わらない。だからテロなんてさせてはいけない。辺野古の命を守る会ができ上がっていくのもそういうことだった。自分たちが人柱になってでも基地は止めるというおばあたちがいて、そのおばあたちが入水《じゅすい》する前に若いもんはもっとやれることやろう、ということで反対運動を構築していったわけです。だからこの反対運動の歴史的な厚みって、すごいものがありますよね。

現場の明るさはどこから

三上　かといって、現場はそんな悲壮な感じでもないんですよね。歌ったり、踊ったり、笑ったり大変……。

島　搬入車を阻止していないときは、ピクニックのようですからね。だから、県外から最初にきた人は驚きますよ。成田闘争をイメージしてきた人たちもいるんですが、「沖縄はなんか明るいね」って言われます。本当は精神的にきついのですけど、どうせやるなら明るくやろうと。

三上　でも、最初から明るかったわけでもなくて、あの雰囲気は、博治さんが２０１４年７月からつくったと言ってもいいと思います。博治さん自身も以前は「エイエイオー」って感じのいかにも運動色の強いアジテーターで、ミスター・シュプレヒコールと呼ばれていました。

私は、２００６年ころから高江に関わっているんですが、住民の会の人たちは、いろんな旗だとか、支援組織だとかは、運動家みたいという先入観があってこわがっていました。これも偏見なんだけど、「私たちは生活を守りたいだけなんで、そういうプロの人たちは入れたくない」って。辺野古の座り込みについて、高江の住民の会の人たちは正直知らないのに、あんなふうにはできないと最初はしりごみをしていました。かといってどうやって全国の支援を取りつけるのかももちろん手探りでしかないわけです。どうやって反対運動を盛り上げたらいいのかもわからないなら、私は、辺野古にも一回行ってほしいと言いました。沖縄の抵抗運動には歴史もノウハウもある。そのネットワークに助けてもらわないと、長い闘争になったら続けられないと思いますよって。でも最初はやはり、平和運動センターの博治さんたちがきても、住民とは微妙に温度差があったと思います。博治さんも孤独を味わったと後で話してくれました。

辺野古でも高江でも、だれよりも一番つらいところをいつも博治さんがやっていた。手を抜かない、信頼できる優しい人です。けど、雰囲気づくりは決してうまくはなかったんですよ。ゲート前にはまだテントもなくて、プラカードをもってワッショイワッショイやってるだけ。7月の沖縄は暑いから、みんな熱中症で倒れていく。私もカメラマンも、何度も倒れたもんね。それで7月中旬に24時間態勢になってきたときに、悩んでいた博治さんがギターと歌をもちこんだの。みんなそれですごくホッとした。博治さんがへたな歌をみんなの前で歌い、短い手足を伸ばしてカ

キャンプ・シュワブゲート前で座り込み参加者を激励するリーダーの山城博治さん

チャーシーを踊る、みんなそれなら私も、と芸を披露する。笑いあう。もともとやんちゃな性格だった博治さんがああいう愛されキャラで定着していったのはあの年からなんですよ。

島 それは、高江での経験と反省があったからですね。

三上 正しいことを主張して、絶対につくらせないってがんばっても、輪ができない、人がこない、広がらない、で亀裂ができてしまう。機動隊をおもちゃの兵隊のように動かすことができる博治さんが、そこを悩んで、車輌を止める以外の時間に何をやるかということを編み出していったんですね。いまは博治ファンのおばちゃんたちの親衛隊がいて、踊ろうと言ったら踊るし、歌ってというと「辺野古ネーネーズ」が歌う。テントで座るだけではもったいないので、みんなで辺野古大学といって勉強会もする。遠くからきた人の話を聞いて楽しく交流するんですけど、そうなると逆に島袋文子おばあが、「私は歌をうたいにきているんじゃないからね」って、自分の親衛隊をつれてゲートの真ん中に座ったりすることもあるけどね（笑）。いまは日本中に、カビが生えたようなデモの形を変えようと、ＳＡＳＰＬ（サスプル）やＳＥＡＬＤｓ（シールズ）の若者が新しい形をつくったり、サウンドデモが広がったりしていますけどね。

島　博治さんの嗅覚ってすごいんですよね。政府・防衛省は、２０１１年の年末の28日午前4時、沖縄防衛局の真鍋局長たちが沖縄県庁に車4台でのりつけ、米軍普天間飛行場の名護市辺野古移設に向けた環境影響評価（アセスメント）の評価書を沖縄県に提出しました。まるでコソ泥みたいに評価書が入った段ボール箱を県庁の守衛室に運びこんだんですが、朝の4時にあの現場にいたのは博治さんとうちの記者とカメラマンだけでしたものね。

三上　そうそう。神出鬼没で、何かことが起こるところにはいるし、いつも何か考えているよね。悪性リンパ腫で6カ月入院していたときでさえ、病室からどれだけみんなに指示していたか。県紙はすみずみまで読み、インターネットもチェックして情報収集し、ずっと指令塔でしたね。リーダーは他にも大勢いますが、歴史に残るリーダーの一人だと思います。それに退職教員の人たちがずうっと縦糸を紡いでくれたし、だれもこないような日も支えてくれましたね。

島　ほんと、ぜひ一度行って見てほしい。東京では、辺野古にはプロ市民しかいないとか、金をもらってやっているとか言う人もいますが、そんな人たちじゃないでしょ。みんな、自分でお弁当をもって、自腹でバスに乗ってきてるわけですよ。見たらわかりますよって私ずっと言ってるんですけどね。

5 沖縄の記憶、沖縄の哲学

「ちむぐりさ」という言葉

島　それに、沖縄戦の記憶もこの運動の底辺にあると思いますし、ふたたび「戦場《いくさば》にしない」っていう言葉は強いですよね。

三上　映画のタイトルにした「戦場ぬ止み（いくさばぬとぅどぅみ）」は、有銘政夫さんが詠んだ琉歌の中にでてくるんですが、その「戦場」というのは、戦場のような状態が70年も続いてきたという長い沖縄の苦しみを指します。文子おばあもそう表現しますが、人生を振り返っても70年間戦場が続いている状態で、いまだに戦後になっていないということです。

　戦争を体験した人は、ＰＴＳＤ（心的外傷後ストレス障害）を抱えている。おばあたちの心には戦争で死んでいった人たちの鳴りやまない声があるんです。ですから、年とったんだからゆっくりしててよって言っても、そうはしていられない。生き残ってしまった罪悪感がありますから。

　戦争ＰＴＳＤを研究している精神科医の蟻塚亮先生に取材をさせてもらったことがありますが、広島・長崎のほうが研究が進んでいて、沖縄はこれからだと言っていました。悲惨な体験をして生き残ってきた人にとってきつい記憶というのは、人間の形をしていないような死人の群れや残酷なものを見たといった体験が最大の要因かといったらそうではなく、泣いている子どもがいたのに助けてあげられなかったとか、「水、水くれ」って言っている人がいたけど無視してしまったといった体験が一番、こころの中で暴れるんですって。この人たちを見捨て、あさましくも見殺しにし自分だけ生き残ろうとしたというふうに考えてしまうと、自己肯定感がまったくなくなってしまう。戦争で子どもを亡くした母親が、なぜ身代わりになれなかったのかとか、たくさんの優秀な友だちが亡くなったが、この人が生きていたほうがよかったと思ってしまう。歳をとったときに、それが暴れて重度なウツや意味不明なパニックになるのは、人を見殺しにして生き延びてしまったという罪悪感が大きいんですって。3・11の大震災でも、目の前で流されていく人を助けることができなかったという体験を多くの人が抱えたと思う。そんなこころの傷は、必死に生きているときは忘れていても、無意識下にあって、現役を退いたぐらいからでてくるんだそうです。

沖縄では「ちむぐくる」って言いますね。「肝」に「心」って書いて、なんていえば言いのか、まごころというか……。

島　すごく深いところにある気持ちですね。人を思いやるような気持ち、他人の痛みを我がことのように思いやれる気持ち。「ちむいさあ」っていったら、あの人がつらい目にあっていてかわいそうなのを、私もこころの傷みとして感じますっていう意味なんですよ。自分のこころが苦しいという。

三上　「うちあたい」とか「肝苦りさ（ちむぐりさ）」という言葉は人間のすごく大事なこころの受け止め方を表していますが、共通語には訳しにくい。沖縄の文化なんだなぁと思う。「思いあたる」というのと、「うちあたいする」というのは結構違います。「うちあたいする」というのは、言葉どおりだと「内側に当たる」、つまり思いあたるということなんだけれども、誰かのことを批判していたらそれは私にも当てはまるので、自分に石を投げてしまうというか、あいたたたっといった感覚ですよね。日常的に使う言葉です。泣いている人がいたら、自分も泣きたい気持ちになるっていうことがあるじゃないですか。前後左右の事情はわからないけれど、泣いている人がそばにいたら自分にも痛いような悲しさが伝播する。言葉にならないけどつながってしまう。「ちむぐりさ」は、人のつらさを自分の内臓の苦しさとしてとらえるという表現。そういう直感的なものを含めて、自分の痛みになってしまうという感じです。訳しにくいが、すごく大事な感情ですよね。

島　普通だったら、自分たちに迷惑がかからなければいいさぁって思っていいのに、そうは思えない。迷惑だよ、いやだよって主張しておかしくないのに、そうは言えない。原発だって基地だってそうだったんじゃないでしょうか。自分のところには嫌だけれど、過疎地につくるのだったらいいんじゃないの、人も少ないしっていうのが、ずっとこの国のあり方だったと思いますけど、沖縄の人はそうではない。やっぱり、自分も痛いんですよ。沖縄の人たちの話を聞いていると、「ちむぐくるだな」ってほんとに思いますもの。普天間飛行場周辺に住んでいる人に聞いても、「自分たちが嫌だ、迷惑だと思っているものを辺野古にもっていけない」っておっしゃいます。東京でこの話をすると理解されないんです。そんなきれい事を言う人がいるのか、って思われてます。

三上　「人にいじめられても眠れるけど、人をいじめたら眠ることができない」というのが沖縄にありますよね。

島　沖縄のことわざにあります。

三上　やられる側だったら頭を高くして眠れるけれど、自分が人を傷つけたりしてしまったらそれを乗り越えていくことはできないという。沖縄の哲学ですね。

島　私はここに生まれて、ここで育った人間だから、そういうのは当たり前だと思っていましたけど、なんか違うんですね。外にいったらわかります。島ぐるみ闘争が生まれた背景にも、そうしたウチナーンチュの哲学が生きているのかもしれませんね。

「勝つ方法はあきらめないこと」

島　それにしても、ここまでたたかえるのはなぜだと思います？

三上　「勝つ方法はあきらめないこと」という言葉がずうっとテントに貼ってありますよね。ちょっと屁理屈みたいですけど、Tシャツにもなってこの言葉は全国にも広がっています。新良幸人さんという石垣出身の歌手の方がステージで言ってたんですけど、ギャグ風にね、「がんばらないから挫けない」っていうのもその一つ。

がんばるからくじけてできなくなっちゃうけど、がんばらない程度にしかやらないからくじけることもない。それって実は深い哲学で、鈍角のたたかいのことを言ってるのね。折れないたたかい。琉球政府主席や沖縄県知事を務めた屋良朝苗さんは「沖縄のたたかいは、鈍角でいかないといけない、鋭角では折れる」と言って、沖縄復帰闘争を導きました。確かに、日米両政府の厚い石の壁にナイフで切りつけても刃こぼれするだけ。一日で折れてもう何もできなくなる。それよりは、鈍器で何十年かかけてぐりぐり穴をうがっていく。それなら砕くことができるかもしれない。だから、鈍角のたたかいが大事。勝つまであきらめないと決めることが大事。こんなに負けていても、「まだ終わってないもーん。あきらめてないもんね」て言えば、まだ勝負はついてないことになる。この強さ以上の強さってないかもしれない。あきらめないで、勝てないことを承知でやっている。

あのおばあたちは、辺野古の24時間の座り込みをしているときでも、ほんとにしんどいのに、「いやぁ勝ってますよ、いまは」ってよく本気で言うんですよ。負け惜しみでしょって最初は思うんだけど、「いや勝ってますよ。あんなに政府ががんばっても、まだ杭一本も打たれてない」って。今日埋め立ての大型船が出るという日にもみんなにそう言ってました。マジすごいと思う。

島　おばあたちのあの強さはすごいですよね、ほんとに。

三上　戦争の体験の取材をしていても、お年寄りはみんな「このままではグソー（後生、死後の世界）に行けない」って言うじゃないですか。「沖縄を基地の島、戦争の島にしたまま死ぬことはできない。70年ぶりに会う友だちに、「私はがんばったんだよ、基地はなくしたんだよ」と言いたいんだと。

島　ウヤファーフジ（祖先）から子孫までがつながっているから、自分の一生だけで終わることはない。戦争で死んだ人ともグソーで会える。また、よく言うのは「子や孫に」ということです。だから、「やってもムダだ、その分遊んでしまおう」とか「自分が生きているうちだけ楽しければいいや」とは思えないんですね。墓とかグソーとかシーミー（旧盆）とかに示されている死生観が、こころのうちに生きているからでしょうね。

三上　私は民俗学者なので、沖縄ではその死生観というか、あの世観、他界観を具体的にまだ地域で共有しているところがすごいと思う。新興宗教などと違って、生まれる前の世界、死んでからの世界についての世界観を、地域・家族みんなで共有している。自分のことは、死んだ人が見ているし、子や孫も見ているんだから、無責任なことをやって逃げることはできない。先祖といまと孫たちの縦のラインがはっきりつながる世界観をもっているからこそ、「あきめない」っていう言葉は、すごく長いスパンの言葉になりえます。

私は50歳であと20年か30年で死ぬ。それで終わりなんだとしたら、辺野古のことに入れ込んでいたら敗北感で人生終わりそうだと思ってしまいますよね。でも沖縄の人たちにとっては両親祖父母ががんばったことを引き継いでやっているだけ、そしてそれを子どもたちが次の世代で実現してくれて……と考えることができちゃうわけですね。子や孫がたたかいを引き継いでくれるんだから、最後までたたかって、せめてがんばったよって尊敬されるおばあになったほうがいい。それをまた先祖が見ていて力をくれるんだから、と。シーミーのときにさぁ、ゲート前の人たちが、「どうか家の仏壇に帰る前にここにきて、我々に力をください」とか言って亡くなったリーダーたちの名前を挙げて打ち紙（カビジン）を燃やしたりしているの。普通の闘争現場でこんなことやる？

島　家に戻って仏壇の前でクワッチー（ご馳走）を食べる、その前に我々に力をくださいって祈るんですね。そのときに燃やすのが打ち紙で、お盆に先祖の霊を送り返すときにもたせるあの世のお金のことだよね。そうした死生観がたたかいのなかにも貫かれているわけですね。

三上　翁長雄志知事もウヤファーフジってよく言うようになったじゃない。

島　「クワンゥマガ（子や孫）のために」とも言いますね。子や孫のためにも基地を引き継いではいけないと。そういう長い目で見ているのです。
安倍政権がどんなに強権的な政治をやっても、いつかはつぶれる。19年もたたかっていれば、目先の話だけで判断は下さないんですね。だってその間、日本の首相は、辺野古返還を言い出した橋本龍太郎以来、10人以上代わってるんだから。

三上　数カ月単位で代わることもあるからね。

島　日本の政府がいかに当てにならないかってことですよね。沖縄県民はもっと先を見ているという感じはしますね。

キャンプ・コートニーに司令部が置かれている第三海兵遠征軍の海兵空機動部隊（MAGTF）
在日米海兵隊のHPより

第3章 宮古・石垣島への自衛隊配備と米軍戦略

1　宮古島への自衛隊部隊配備の現状

それは地対空・地対艦ミサイルの基地

島　今年3月に沿岸警備隊が発足した与那国島に続いて、石垣島と宮古島に新たに自衛隊の部隊が配備されることになり問題になっていますね。宮古島への計画が表にでたのは2015年の5月、左藤章防衛副大臣が下地敏彦市長と会談し、市内の千代田カントリークラブと大福牧場の2カ所に、陸上自衛隊の警備部隊を配備する方針を伝えたときです。

下地敏彦市長は6月20日の市議会で「自衛隊配備については了解する」と述べ、受け入れを正式に表明した。ただ、市内最大の飲料水の地下水源地に近接する「旧大福牧場」周辺の配備については反対の意向を示しました。

それによると、地対艦ミサイル（SSM）、地対空ミサイル（SAM）の部隊を含め700～800人規模の隊員を配置するという。すでに与那国には自衛隊基地が配備され、石垣島や鹿児島県奄美群島にも配備されようとしています。この問題は、単に先島《さきしま》での自衛隊問題にとどまらず、辺野古新基地建設とつなげてみると、日本の安全保障における沖縄の基地の役割が大きくクローズアップしてくるという気がします。三上さんは、新しい映画をつくられるということで、宮古には度々足を運んでこられました。まず、宮古島への自衛隊配備の状況についてお話しいただけますか。

三上　宮古島への自衛隊配備について見過ごせないのは、先島で初めての、攻撃機能をもっている地対空ミサイル、地対艦ミサイルの基地をつくるということです。地対艦ミサイルというのは、地上から艦隊、軍艦が通ったときに撃ち込むものですが、飛距離からいって、沖縄本島と宮古島の間の宮古海峡のおよそ300キロを両方から射程内に収めることができる。つまり、中国軍艦の通過を阻止することができる布陣になるわけです。目的は明らかに宮古海峡をフリーで通過させないためですが、ここは基本的に「公海」ですから航行の自由がありますし、通過しただけでは私たちの利益や安全が何も損なわれているわけではありません。現にロシアの軍艦も通ります。しかし、宮古島・石垣島にいま自衛隊を配備しなければならない理由について防衛省は、周辺諸国の脅威を強調して「軍事的空白をなくす」「安全を守る」と説明していることから、この自衛隊配備は「中国から島を守ってくれる」と勘違いする人が多い。中国が直接宮古島に攻撃を仕掛けるシチュエーションなどいまのところありえないですけど、もしそうなってもとてもじゃないけどこの装備で島は守れません。配備の本当の意味を防衛省はほとんど明らかにしていないです。

この計画に対して、宮古島の平和な暮らしが壊されるとして、いくつかの市民グループが立ち上がったのね。そこでは、子どもを抱えたお母さんたちも涙が出るくらいがんばっている。「てぃだぬふぁ　島の子の平和な未来をつくる会」のメンバーがとにかく元気がよくて、何も明らかにしてくれない防衛省や宮古島市長を相手に要請を出し、面談を申し込み、議会を傍聴し、会見を

「ママは自衛隊配備に反対します」の横断幕を掲げる
「てぃだぬふぁ 島の子の平和な未来をつくる会」の人々

開き、状況を市民に知らせようとがんばっています。

地下水に頼っている宮古島では、厳しい「地下水保全条例」というのがあるんです。防衛省が最初予定地に決めた大福牧場という島の東側の一帯は、まさに水源地の真上にきてしまう。だから地下水審議会に諮ったところ、学識経験者たちは地下水に悪影響を与える可能性があるとして反対していることも市民団体の粘りでわかった。宮古には高い山もなく、飲用水は地下水に頼ってますから、まさに命の水源なんですね。それで沖縄防衛局はいったん計画を引っ込めて再検討するということになったんだけど、多少手直しをしただけでまたもちだしてきました。

島　防衛省が候補地にあげる千代田カントリークラブの地元である野原部落会が、配備に反対する決議案を全会一致で可決した、という報道もありましたね。

三上　野原の要請を踏みにじる形で、6月末、下地市長は千代田カントリークラブの計画を受け入れてしまいました。今年度に用地取得予算がついているので事態はどんどん進んでいます。

この間、カナダのバンクーバーで活動する平和団体「ピース・フィロソフィー・センター」代表の乗松聡子さんが、わざわざ宮古を訪ねていらっしゃった。宮古と石垣に自衛隊が配備されたら大変なことになると思うからきたんですと。その聡子さんと宮古で2日間ご一緒しました。私は辺野古を仮に止めても、自衛隊が先島に配備されたら県土が戦場になってしまうのを止められないと焦っているんですが、彼女もまったく同じ考えでした。私の杞憂ではないとわかって、逆に心が塞ぎましたけど、だからこそ、この問題はやらないといけないと思ったんです。

乗松さんは言いました。今年の3月、たかが160人の部隊が与那国に配置されたということは、日本人は小さなニュースとしかとらえていないけれども、国際的にはとても大きなニュースです。日本人は念のために自衛隊を置いただけだと思っているかもしれないが、過小評価しているのは日本人だけ。与那国島からは台湾が見える。中国にも近い。そこに日本が戦後はじめて自衛隊の部隊を置いたら、いよいよ日米が中国に対して軍事的に包囲するフォーメーションに入ったというニュースになってしまう。少なくとも日本は中国を刺激したくないとは思っていない。国際社会ではそう受け止めます、と。

そして、沖縄の在日米軍基地を訪問された映画監督のオリバー・ストーンさんの意見も紹介しながら、このまま日本と沖縄がアメリカにくっついていたら大変なことになる、日米安保は日本人を危険に陥れかねない、とも指摘しました。

島　的を射たメッセージですね

アメリカの軍事戦略と自衛隊

三上　「第一列島線」というのがあるじゃないですか。

島　中国が対米防衛のために戦力展開するうえでの目標ラインのことですね。日本列島から、沖縄、台湾、フィリピン、ボルネオ島にいたるラインを指します。中国海軍にとっては、それは台湾有事の際の作戦海域であり、南シナ海・東シナ海・日本海にアメリカの空母や原子力潜水艦が侵入するのを阻止するために、このライン内で制海権を握ることを目標に戦力整備や作戦活動を行っています。

三上　その第一列島線から中国の軍隊をださないというのは、アメリカの「エア・シーバトル構想」の基本的な考えなんです。２０１０年に打ち出された軍事構想で、同盟国とともに軍事大国化する中国を空と海から封じ込める作戦です。だから第一列島線を死守したいのはアメリカであり、沖縄に住む私たちの安全がそれによって守られるというものではありません。むしろ逆です。いま、中国がアメリカに対して宣戦布告するとか、日本に攻撃を仕掛けることはありえませんが、中国が軍事的に動く可能性があるのは台湾有事ですよね。台湾は自分たちの土地だと主張してきた中国が、強化された軍備を使って、何かのきっかけに台湾に圧力をかけるということは、ありえないことではない。そのときに、宮古島と沖縄本島の間の公海をたとえ通過しても、本来の私たちの安全とは関係ないので見ていればいいわけです。でもそこで、宮古島からミサイルを撃ち込むような態勢をとってしまったらどうなるのか、ということですよね。

宜野湾市長だった伊波洋一さんがエア・シーバトル構想は沖縄にとって危険だ、ということを言い始めたのは3年ぐらい前のことです。制限戦争という枠組みがありますね。アメリカと中国は、核兵器をいっぱいもっているから全面戦争はできないが、小競り合いは起きるかもしれない。その際、どうやって自分たちに有利な状況にもっていくのかというので、制限戦争という戦略がでてきた。その制限戦争の舞台というのは沖縄だけじゃない。第一列島線から中国をださないということだから、日本列島全体がバトルフィールドになります。戦争はできるだけ小規模に、できるだけ短期間で終わらせたい。アメリカから見れば日本列島全体が中国にたいする防波堤になっているわけで、その制限戦争の舞台は日本列島を含む第一列島線の内側です。占領当時から、旧ソビエトだけではなく、いつか中国を睨む日がくることを考えて、アメリカは日本に基地を置き続けてきたわけでしょう。アメリカが占領体制から維持してきた特権、つまり日本中の好きな場所に好きなだけ基地を置くことができるという状況を手放さなかったのは、このときのためですからね。

島　制限戦争の舞台が日本になってしまうというのは、アメリカにとってはなんの不思議でもないわけです。

三上　この戦略は、真っ先に南西諸島を制限戦争の舞台に変えてしまう危険な構想だと私は思いますが、これにのって中国を抑え込む以外にないというのが、日本の防衛省の見解です。そのうえで実際に本土が制限戦争の舞台になったら困るので、もしも避けられない事態に突入したらまずは海に囲まれている沖縄で始め、そこで拡大しないように抑え込まなければならないので宮古島や石垣島が重要になってくるわけです。沖縄に攻撃を集中させて時間稼ぎをした沖縄戦の発想と何も変わっていないことに愕然とします。

今回の先島への自衛隊配備がそういう軍事戦略の一環であるという構図に気づいている人は少なくて、多くの国民は、宮古島や石垣島の基地は念のために置くんだし、これがあったほうが中国はこないと思わされている。島の住民も、土地の値段は上がるし、病気になったらドクターへリを出してくれるかもしれない、とメリットばかり強調されれば悪くないかもしれないとも思うでしょう。先島は、米軍基地や自衛隊基地に苦労させられてきた沖縄本島と違って、軍隊に対する抵抗感が圧倒的に少ない。だから反対運動はまだまだ小さいし、関心がない人が多数なんです。自衛隊を容認しようとしている人たちは、島を守るための軍隊がくるんだと信じている。

島　第2次世界大戦で宮古島は、本土防衛の捨て石として要塞と化しました。本土決戦の時間稼ぎのため、アメリカ軍を釘付けにしようとし、3万人を超える日本兵が駐屯した。住民の多くが台湾に疎開させられ、残った住民は軍用飛行場づくりにも狩り出され、飢餓とマラリアなどの病気が蔓延し、米軍の空襲や艦砲射撃に苦しめられた、とあります。

三上　「抑止力」というのは測定できない。配備を肯定する人たちはそこにミサイルを置くことを「抑止力」と呼ぶわけですが、置いてしまったら、アメリカから撃てと言われたときに、威嚇なのか先制攻撃なのかはともかく、集団的自衛権を認めてしまったいま、日本が断われますか？

アメリカからしたら台湾は西側諸国の最前線なわけで、軍事協定も結んでいますから、そう簡

郵便はがき

料金受取人払郵便

西陣局
承認
2009

差出有効期間
2018年1月
31日まで

(切手を貼らずに
お出しください。)

602-8790

(受取人)

京都市上京区堀川通出水西入

㈱かもがわ出版行

▮注文書▮

ご注文はできるだけお近くの書店にてお求め下さい。

直接小社へご注文の際は、裏面に必要事項をご記入の上、このハガキをご利用下さい。

代金は、合計定価に郵送料(240円)を加え、同封の振込用紙(郵便局・コンビニ)でお支払い下さい。

※ホームページよりご注文していただいた場合は郵送料無料でお届けします。

書　名	冊数

ご購読ありがとうございました。今後の出版企画の参考にさせていただきますので下記アンケートにご協力をお願いします。

■購入された本のタイトル	ご購入先

■本書をどこでお知りになりましたか？

□新聞·雑誌広告…掲載紙誌名（ ）
□書評·紹介記事…掲載紙誌名（ ）
□書店で見て □人にすすめられて □弊社からの案内 □弊社ホームページ
□その他（ ）

■この本をお読みになった感想、またご意見·ご要望などをお聞かせ下さい。

おところ □□□-□□□□ ☎

おなまえ（フリガナ）	年齢	性別

メールアドレス	ご職業

お客様コード（6ケタ）							お持ちの方のみ

メールマガジン配信希望の方は、ホームページよりご登録下さい（無料です）。
URL: http://www.kamogawa.co.jp/
ご記入いただいたお客様の個人情報は上記の目的以外では使用いたしません。

単に中国に渡すわけにはいかない。早いうちに手を打ってギャフンと言わせたいと、宮古や八重山に配備した自衛隊のミサイルを撃てと指示をだすかもしれない。すると中国は、攻撃もしていないのに日本からミサイルを撃ち込まれたら、道義上は報復していいわけです。それは日本が宣戦布告したと同じことになるから、日本中どこを攻撃されても文句は言えない。

島　「えっ？　なんで中国と戦争が始まったの」ということにもなりかねません。

三上　エア・シーバトル構想について、アメリカのある軍事評論家がこう書いていました。それは非常にすぐれた構想である。なぜかというと、戦闘はアメリカから相当離れた場所で行われ、アメリカが直接攻撃対象にならずに、アメリカ兵の命が極力守られる形で制限戦争を始めて中国を抑え込むことができるからだ。しかし一番のハードルは、同盟国に先に攻撃をしてもらうことが可能かどうかだと。これが安倍政権が集団的自衛権を急いだ大きな理由だと私は見ています。

先日会った韓国の友だちも同じ意見でした。

島　韓国は徴兵制もあって、軍事的なことは日本人よりもみんな詳しいですよね。

三上　去年、学生時代の友人に釜山の国際映画祭で久しぶりに会ったんですが、三上さんがこんな軍事的なドキュメンタリーをつくっているとは思わなかったと驚かれて、このままいくと韓国と日本は中国との戦争の先兵にされてしまう。アメリカが仕掛けても、戦うのは韓国と日本の兵隊さんということになる。だから、アメリカというジャイアンとはそう簡単に手は切れないが、のび太としては、中国とはお互いに戦争なんて考えつかないね、というくらい仲良くなるしかない。それ以外に自分たちが生き残るに道はないよね、っていう話をしていました。

乗松さんも言っていましたが、カナダとアメリカは国境を接しているが、いつか向こうが攻めてくるかもしれないと思う人は誰もいない、と。だから、日本は「勝てる国」にはなれないのだから「戦争に巻き込まれない国」になっていくしかないと思うんですね。だって、GNPがアメリカを超えていくだろうという中国に、日本は単独で勝つことはもはやできない。じゃあアメリカにつけばいいのかというと、アメリカの描いている中国封じ込め作戦の一部になってしまい、日本は先に戦場になって命をすり減らす羽目になる。でもその思惑通りに自衛隊の配備が進んでしまっている。

島　アメリカの軍事構想がそのまま現実化していくとしたらとても恐ろしいですけれども、軍事戦略の話は一般の島民にとってはなかなか理解しにくいですよね。宮古で反対運動をしている人たちは、自衛隊とか基地とか国防という問題に拒絶反応を示し、興味を示さない人たちを巻き込むために、水の問題を重視していますね。

三上　そうなんです。宮古は地下水で成り立っている島だから、一カ所地下水を汚されたら全部使えなくなるよね、という話になると、島民は「それはまずいよ」と真剣になる。でも、水問題一本で攻めるとすれば、水源地に絡まない候補地の図面が出てきたときに、反対の声は根拠を失ってしまう。だから私は、水も大事だけど、やはり軍事的に利用されていくんだという現実の状況について危機感を共有したほうが結局は早道じゃないかなと個人的に思いながらも、宮古島のやり方をずっと見守ってきました。そしたら島さんのおっしゃるとおり、水の審議会で大福牧場の配備予定地は否定された。それで一定の勝利ということで喜んだのが5月の頭でしたが、兵舎やヘリポートが予定されている千代田カントリー地区は水に関係がないため、6月末に市長がGOをだしてしまったわけです。

2　「抑止力」という神話

抑止力どころか沖縄を危険にさらすもの

島　沖縄には基地負担が集中しているのに、さらにまた危険な普天間基地を県内に移設するというし、先島には自衛隊の基地を配備するという。それが日本の国の政策として通るという理由が二つあります。一つは、「沖縄の人は基地で食ってるんだからいいんじゃない」という理由、もう一つは「抑止力」という問題なんですよ。この抑止力というのが大手を振って歩いていて、だから沖縄に米軍基地がこれだけたくさんあっても仕方がない、自衛隊が先島に配備されてもべつにいいんじゃないの、という評価に利用されてしまう。

じゃあ、この抑止力というのは何ぞやというと、はっきりした定義がないわけです。自分たちが抑止力であると言えばそれで抑止力になるというふうに、とても便利な言葉です。だから自衛隊の配備の問題でも、他国からの、つまり中国からの抑止力のためなんだという口実にされ、許されてしまうことになるんです。じゃあ政府のいう日本の抑止力になるのか、沖縄の抑止力になるのかということについては、ほんとまやかしに過ぎない。三上さんがさっき、日本の抑止力についてて中国側がどう受け止めるかという視点をおっしゃいましたが、私もまさにその通りだと思う。やる必要もない喧嘩を売った形にならざるをえないと思います。また沖縄側からいうと、逆に抑止力どころか沖縄を危険にさらそうとしているわけです。

前にも触れましたが、アメリカの国際政治学者で知日派の代表にジョセフ・ナイという人がいます。そのジョセフ・ナイが沖縄について朝日新聞のインタビューで言っているのは、「かごの卵論」なんです。かごの中に卵があると、詰めすぎると割れてしまう。沖縄はかごの中に詰めすぎた卵のように、米軍基地が詰められすぎている。こういう基地は非常に脆弱である、と。アメリカ対中国の全面戦争ということは考えにくく、いまの日本の仮想敵国は北朝鮮と中国である。その日本の2大危険地帯、つまり朝鮮半島海域と台湾海域どちらにしろ、相手が何かアタックをしようという場合には必ず、米軍基地が集中しているところを狙ってくる。敵の攻撃力をいちばん損ねるのは、敵の拠点をつぶすことだ、と。

三上　それは基本ですよね。

島　ジョセフ・ナイは、そうなれば、沖縄の米軍基地は詰め込みすぎていて一発で壊れてしまう。それだけでアメリカに大きなダメージを与えることができる。だから、いまの在沖縄米軍というのは非常に脆弱だと言っているわけです。脆弱な基地群のうえに、さらに敵の標的となるような、さらに危険を増す自衛隊基地を配備しようとしている。それについて防衛省は必ず、尖閣問題があるから先島に自衛隊を置かないといけないと言うんですが、いちばん新しい日米ガイドラインでは、尖閣防衛は一義的には自衛隊の仕事だと明記されているわけです。アメリカの出番ということは考えていない。ですから、米中が真正面から衝突するのを避けるために、日本と中国に小競り合いさせるというのがアメリカのベストな選択なのです。先島防衛というのは、台湾海峡で小競り合いをするときに発動されるというのが実際なんだということをちゃんと理解しないで、「なんか守ってくれるみたいだし、人口も増えるんならいいね」という発想になっているのは非常に危険なことだと思います。

三上　導火線なんですね。使わないかもしれないけども、すぐに着火できる。小さな自衛隊基地の小さな地対艦ミサイルを撃つことで、全体戦争には飛び火しないような小競り合いが起きる。小競り合いがないと国際包囲網もつくれないし、中国を黙らせることもできない。アメリカの国力と中国の国力を比較すると、5年後、10年後にはどんどんアメリカが下がっていく。だからアメリカは有利なうちに小規模戦闘を始めて中国を押さえつけるチャンスを見定めていると思います。そのチャッカマンをいま宮古、八重山に置こうとしていることに、住民のみなさんは気づいてほしい。

アメリカのエア・シーバトル構想の論文の中に、いろいろなシミュレーションがあります。南西諸島の基地が中国から攻撃される事態になったら、アメリカは半日で日本からいなくなるから戦うのは日本軍と韓国軍なんですよね。そのシミュレーションによれば、南西諸島は2週間で壊滅する地帯だと書かれている。その次のバトルゾーンは西日本でした。

アメリカは残って沖縄を守るのか

島　それでも、日本中の人はまだ、アメリカ軍は沖縄に残って戦ってくれるんじゃないかと思っているんだよね。

三上　中国のミサイルの射程圏内になってしまったいま、米軍がハチの巣になるところに残る意味がない。沖縄戦を指揮した牛島司令官じゃあるまいし、自分の領土でもない島で「最後の一兵までここで戦え」なんて命令はありえない。だからこそ、陸上自衛隊は「日本版の海兵隊」といわれる水陸機動団をいまつくっているわけじゃないですか。どこかの離島が他国の軍隊に制圧されたらそれを奪還しに行くための日本の水陸機動団であって、いま必死にアメリカの海兵隊の訓練を受けてます。その着上陸訓練場を宮古にもつくると言われている。ならば、わかりました。有事となれば先島は空から撃ち込まれ、海からも上陸されるという想定なんですね。では島が戦場にされてしまったらどうするか。反対運動をしている宮古島のお母さんたちは、じゃあ国民保護計画を示してください、緊迫した事態になったときにどうやって宮古島の人たちを全員避難させられるのか、少なくともそれをつくってから自衛隊の受け入れとかをやるべきでしょう？　と下地市長を責めていますが、回答はない。だいたい現実的に避難計画の策定なんてできますか？

島　それは不可能ですね。船なんてたいして乗れないし。でも、抑止力というとなんでも許される感じになっている。米大統領候補のトランプさんのお陰で少しは議論ができそうな感じがしますが、そもそも在日米軍はどれくらいの規模が必要なのかということも議論されていないし、沖縄にこれだけあるのにさらに辺野古に大規模な基地をつくろうとしているけど、それがなぜ必要なのかも論議されていない。東京の政治家もそうですけど、みなさん普天間がなくなったら沖縄の73・8％の基地負担がどれくらい減ると思いますかと聞いたら、みなさん半分ぐらい減ると思っているんですよ。

三上　そう、そこ。ぜんぜんわかっていないんですね

島　74・48％が74・07％になるだけ、0・4％しか減らない。辺野古基地をつくったら0・2％しか減らないんですよ、という話をすれば、えーって驚く。沖縄には普天間だけでなく、たくさんの米軍基地がありますね。在日米軍が最も重要視しているのが嘉手納基地と原子力潜水艦が停泊できるホワイトビーチです。逆にいうと、敵からするとこの二つをつぶせば在日米軍の兵力は相当落ちるという計算も成り立つわけです。軍事上そう言うのは簡単だけど、じゃあ結局だれが犠牲になるんですかと聞くと、それはまったく想定していない。それでなおかつ抑止力ということを金科玉条のように言うのはおかしな話だと思います。

だから私は、基地経済の話と抑止力論というのは沖縄基地の二つの神話でしかないと言ってるんです。なんとなくそう思い込まされている。沖縄への基地の集中は、いまの日本の仮想敵国からすれば最も近くて狙いやすい標的になっていて、その犠牲になるのは沖縄の人ですよ、という想像力を働かせてほしいと思いますね。

で、沖縄の次にどこを狙うかといったら、原発じゃないですか。小競り合いというものも非常に危険なところがあって、よその国のことを言うのもおかしいけど、中国自体も戦争なれしておらず指揮系統がまだガッツリしてないという説もあり、日本のようにまったく戦争なれしていない自衛隊が、台湾海域なり朝鮮半島海域なりで少しでも接触すると、小さな衝突が大きな火種になる可能性がある。そういうことが起きないようにすることが本来の抑止力で、それは外交であり協調であるべきです。それなのに、沖縄で軍備を拡張しようというのは、本当に誤った考え方だと思いますね。

3 沖縄戦の歴史から学ぶ

軍隊は国土は守るが住民は守らない

三上　沖縄戦の歴史から学んだのは、「備えあれば憂いあり」じゃないですか。日本軍が駐留した島にだけ死人がたくさんでて、駐留がなかった島はすぐに米軍の捕虜になって戦闘にならなかった。日本軍が潜伏して戦った島はまず艦砲射撃を雨のように浴びて上陸後は肉弾戦になり、住民は弾に当たるだけではなくスパイにならないように殺されたり、自決に追い込まれた。石垣島でも敵が上陸したら足手まといになるからと、マラリアに罹患死することを百も承知で有病地帯に強制的に住民を避難させました。だから、軍隊は国土を守るのであって住民を守れなかったのは歴史的な事実です。沖縄県の国民保護計画にもはっきり書かれていますが、「自衛隊の役割は国土を守ること。それに支障をきたさない範囲で以下のことをやる」という中に住民の救出や避難が入っています。実際にかつての日本軍は70年前住民を守る機能がなかったわけですから、宮古や石垣の自衛隊がそれをやってくれると楽観できるはずがない。でも石垣で開かれた説明会で防衛局の担当者は、「私たち隊員は熊本の地震や原発の事故では誓いを立てて現場に入っている、住民を守らないなんてことがあるはずがない」と涙目で訴えていました。しかし災害現場は「後処理」です。敵の軍事攻撃が続く中で応戦する軍隊が住民を守れるのかという話とはまったく次元が違う。隊員の皆さんが平時に「島民の安全も当然守る」と思っていてくださっても、軍が作戦としてその体制を完全にとっていない限りは沖縄戦の二の舞いになるだけですよ。

歴史は繰り返すと言いますが、いまの特定秘密保護法の前身にあたる「軍機保護法」があったがために、軍の機密、国防上の機密を守るということで、沖縄の人たちの口封じをするためにスパイ扱いして殺していった、個人の生命よりも国防の機密のほうが重視されてしまった時代が実際にあったわけです。沖縄県民は軍の機密を知りたくて知ったわけではない、陣地構築を手伝わされ、衣食住を共にさせられたから知ってしまったんです。それなのに軍は「軍民共生共死」という思想を押しつけて、一緒に玉砕するのだから口封じのために集団自決という形で先に死んでもらうことに罪の意識もなかった。そんな体験が沖縄県民の中にあるのに、なぜまた同じ恐ろしい運命を引き受けようとする人たちがいるのかと、ものすごく焦ります。命と引き換えに得た教訓を歴史から学ばないなら、沖縄戦の死者は2度殺されるようなもんでしょう。命を守ってくれるといった軍隊との約束なんて、信じちゃいけないんです。

集団的自衛権問題で、よくジャイアンとのび太に例えたりするけど、いまのび太は、ジャイアンの敵はぼくも戦うよ！　と宣言しちゃったわけでしょ。「ジャイアンの敵はぼくの敵だ」と言ってヘルメットをかぶり武器をもって戦うと。

島　いま日本は、ジャイアンと一緒に戦うために軍備を増強している。「ぼくはちゃんと戦うんだ」というのが一人前の証しなんだ、というやつでしょ。

三上　そうなったときに、敵が真っ先に攻撃するのはどっちですかといったら、それは核兵器をもっているジャイアンではなくのび太になってしまうに決まってるじゃない。日本人はのび太の運命でいいの？　助けてくれるドラえもんはいないんだよって言いたいですね。

島　自分たちが生活をする島に基地があるわけだから、沖縄県民はまっ先に標的にされることになります。

三上　そこですよ。沖縄では、レイプとか騒音だとか、基地から派生する被害が日常的に発生している。だけど、一番こわい基地被害というのは「標的にされる」こと。それはここが出撃基地で、相手を大量に殺していけば、反撃される可能性が生じるからです。そうなれば逃げ場もないわけで、普段の基地被害とは桁の違う恐怖が生まれてくる。基地のない地域の人と話をしていると、基地というのは訓練をする場所だと思っている人が多い。普段は訓練するかもしれないけど、攻撃したり、武力をもって出撃するのに都合のよい場所だからそこに基地を置くのであって、訓練だけが目的ではない。オスプレイは他国に襲いかかりに行く兵員と武器を運ぶためのものであり、いま辺野古に、まさに強襲揚陸艦が接岸できる軍港をつくろうとしているわけですから、辺野古が出撃基地になります。宮古、八重山、与那国の自衛隊も、目的は海峡封鎖のつもりでも、武力を行使するのであればやがて報復される。

島　しかも、特定秘密保護法が成立し、安全保障関連法も成立して、集団的自衛権が行使されることになったいま、その危険性はいっそう高まっています。

三上　特定秘密保護法が3年前の12月6日に通ったとき、私は戦争を止められる最後の鍵の一個が落ちたなと思いました。これが施行されたら、軍の機密保持のためには人を殺してもいいという軍機保護法と同じように機能していくでしょう。実際、軍機保護法でも、量刑が10年以下の禁固刑から極刑までズルズル重くなっていった。沖縄県民は日米の軍隊と一緒に住んでいますから、知りたくなくとも軍事的な秘密をいま現在もすでに知っている状態にあるわけです。沖縄戦の時代には、秘匿特攻艇の軍隊が座間味にいましたが、米軍が上陸前に住民を一人でも捕まえて「軍隊はいるのか。どこに何人いるのか、言わなければ爪をはがすぞ」って脅されたら、なんの訓練も受けてないんだから言ってしまうよね。そうされたらまずいから、スパイは殺してもいいという軍機保護法に従ってスパイ虐殺があったんですよ。

島　それは軍民一緒に生きていかなければならなかったからでしょ。その沖縄戦時の体験は、おばあ、おじいたちは決して忘れられないでしょうね。

沖縄県民の自衛隊への思い

三上　南西諸島への自衛隊配備との関連で言うと、1972年の沖縄返還に伴って、沖縄に自衛隊が入ってきたときのことを思い出します。航空自衛隊、海上自衛隊、陸上自衛隊の基地が置かれましたが、それは「沖縄派兵」って呼ばれたんです。沖縄は日本復帰で米軍基地が減ると思ったのに逆に増えてしまい、そのうえ日本の自衛隊もきてしまうことに怒りをあらわにしていました。自衛隊の一兵たりとも上陸させないという運動も行われた。そのとき、反戦自衛官も立ち上がったんですよ。現役の自衛官5人が、沖縄の人も1人いるんですけど、防衛庁長官に対して、沖縄派兵反対と労働者としての権利を要求する請願書を書いて提出した。また4・28沖縄デーにも登壇して、沖縄派兵反対を表明した。魚釣島（尖閣諸島）をにらむ軍事要塞として沖縄の島々をまた苦しめることを、我々自衛官は望んでいないし、沖縄の人たちの人権を守り彼らの気持ちを傷つけないためにも、いまは派兵するときではないと。その声明は、いまでも涙なしには読めないわけ。結局、彼らは全員クビになるんです。現職復帰を掲げて最高裁まで裁判をたたかうんですが、負けてしまいました。

沖縄の島々に自衛隊を派兵するということはこういうことなんだと、私がいま伝えたいことが見事に文章に書かれている。当時は、沖縄再軍備の危険性と、同じ過ちを繰り返すのか？　という問いが、自衛隊内部からも沖縄からも、盛んにだされた。それに引きかえ、いま沖縄県民もこのニュースには無頓着だし、日本本土の人たちにとってはなんの関心もない。ましてやその自衛隊のなかに、沖縄に行くことでまたあのときの日本軍みたいなことをやらされる、または島の人たちを巻きこんでしまうのでは、なんて意見は、これっぽっちもでてきていないじゃないですか。72年に、自分の隊員生命をかけて、沖縄派兵反対って言った自衛官がいたのにね。この差はなんなのでしょうね。

4 忘れてはいけない、加害国・日本

「悪魔の島」だったオキナワ

島　それにつけても、沖縄に在駐する米軍は、実際に世界のあちこちに出撃して多くの人々を殺してきたということを忘れてはいけないですね。そのために、沖縄は「人殺しの島」になってしまった。政府の言う通りにことを進めれば、日本は加害者だってことを上塗りすることになる。

三上　ベトナム戦争の時代には、沖縄はこっちから攻撃したんで「悪魔の島」って言われてまし

たね。沖縄から出撃した米軍が枯葉剤をまき、無差別殺りくを繰り返したわけですから。私たちはリアルタイムでベトナム戦争の時代を生きてきたからわかるけど、その話は、若い人たちにはぜんぜん響かない、昔の話でしょうって感じですけど。

島　イラク戦争でもそうでしたね。

三上　イラク戦争のとき、米兵の迷彩服の色が緑ベースから砂漠色に変わりました。彼らは本当に砂漠地帯に行くんだなぁなんて思いながらも、この人たちがファルージャの町で10万人も20万人も殺しているとはリアルタイムで知ることはできなかった。しかし後になって、ファルージャで一般市民を殺りくしたその兵士たちは沖縄のキャンプ・シュワブとキャンプ・ハンセンから行ってたと知るわけです。派遣された米兵は肩章に「ＯＫＩＮＡＷＡ」と書いているんだって。海外でボランティア活動をしている高遠菜穂子さんがおっしゃっていたんですが、ファルージャの人たちにとって「オキナワ」は有名で、アメリカ領で太平洋のどこかに「キャンプ・オキナワ」というのがあると思ってるんだって。「それは日本なんだ」って言うとすごくビックリして、「なぜ日本人がぼくたちのことを殺すの」って。中東の人たちはもともと日本大好きでしょ。それは美しい誤解だけど、日本人は敗戦後アメリカに対抗して復興をとげた国だと思っている。日本人だってわかったらコーラをおごってくれるってみたいな関係だっただけに、「なぜ日本人が自分たちを殺すの、考えられない」って。「もし、ぼくが爆弾をもっていたら、オキナワの上で炸裂させたい」って言う人もいたそうです。家族を殺されてる人たちですから、当たり前ですよね。そしたら高遠さんは、「待って、沖縄は軍事要塞の島として70年も苦しんできて、身体をはってこれを止めたいと思っている人たちがたくさんいるから、沖縄の人たちを恨まないで」って言ったら、その人は大混乱して、「沖縄は恨んでいいのか、同情していいのか、どっちなんだ」って言ったという。

その話を聞いて、やりきれないと思った。イラク戦争に加担して米軍兵士を送り出し、お金も出して後ろから支援しているのは日本なんだから、「ＯＫＩＮＡＷＡ」って書くんなら「ＪＡＰＡＮ」って書いてよと思った。恨まれるなら日本が恨まれるべきであって沖縄ではないでしょう。よく「九条の会」の講演にも呼ばれるんですが、「日本は憲法9条があるから70年間戦争をしてこなかった」という言説を聞きます。そこは否定しにくいし、私も本土にずっといたらそう思ったかもしれない。でも、ベトナム戦争やイラク戦争で沖縄から出撃する米軍機を見送った沖縄県民の中には、自分たちが加害者であるという認識から反対運動に突き動かされていった人もたくさんいたわけです。あれがあと数年続いていたら沖縄も攻撃対象になっていたかもしれないじゃないですか。殺すのもやだし、殺されるのもやだし、殺させるのもやだしって、日常的に考えざるをえない沖縄の現実の中にいたら、いまは「70年間戦争していない」とはとても言えない。日本はこの戦争に関わってきた加害者なんだけど、日本人にはそういう実感はほとんどないですね。

島　日本人は、テロというのはものすごくこころの病んだ一握りの人がやるとんでもない行為だと思っている。けれども、イラク戦争の時代に、アメリカは中東地域に20年あまりも介入し、日本はそれをずっと支援してきた。だから日本人が恨まれるのはある意味、当然のことです。アメリカが悪魔のように呼んでたたきつぶしてきた結果、幸せになった国がありますか。生みだしたのはテロだけですよね。

中国脅威論が受け入れられるのはなぜ

島　安倍政権の巧妙な手法だと思いますが、さかんに中国脅威論を煽っています。日本人には、中国の経済的な成長が許せない、自分たちよりも大きくなってきた隣国に対するコンプレックスがある。そこをついて、あいつらは何をやるかわからない変な国だ、と煽りたてる。わずか70年前に日本は何をやるかわからない変な国だと世界中から見られていたわけです。にもかかわらず、いま中国を仮想敵にして脅威を煽ることで、日本の防衛力を強化するためには防衛予算を増やしてもオッケーと、国民的な支持を取りつけている。同志社大学教授の浜矩子先生を取材しながらお話しして、「なぜ日本人男性の安倍政権支持率は高いんですか」ってお聞きしたら、「安倍政権が、日本人の男性のもっている中国に対するコンプレックス、自分たちが落ち目になっていることに対する劣等感をうまく使っているからだ」とおっしゃって、なるほどと思いました。アメリカもそうだけど、強くなっていく別の国に対して俺たちはまだ強いんだぜという虚勢を張っているという感じがするんですよね。

三上　それも、軍事大国アメリカの威を借りてね。なさけない。戦争して植民地にし、いじめて差別してきた人たちが自分たちより力をつけてくる、悔しいし、憎いだけじゃなくて仕返しされるかもしれないと思うからこわい。だからジャイアンに寄っていくわけでしょ。そのジャイアンは、いざとなったらのび太の家の軒先でケンカの腕試しをしようとしてるのに、なぜわからないんだろうと思う。これじゃあ日本に戦争を始める覚悟などない段階でも、中国が不穏な動きをした、お前の家の門を突破するぞ、さあ撃っとけ、と。そんなふうにして戦争って始まってしまうのかもしれない。

島　中国からのちょっとしたことで、「中国憎し」みたいなことになって、日本中がわーっとソウ状態になっていく……。

三上　戦争って何重にも集団心理が起こすものだと思うんですよ。悪魔のような一部の権力者が大本営をつくって戦争を企むのではなくて、不穏な事態をつくりだした集団が、恐怖の集団心理を増幅してどんどん油をそそいで止められなくなっていく。その芽が日本の中にあるから怖いんです。

戦争とメディアの責任

島　メディアもそれを煽るわけです。太平洋戦争のときだって、戦争に反対した新聞は売れなかった。日露戦争のときに「万朝報《よろずちょうほう》」という新聞がありましたね。最初は非戦論だったけど、それでは売れないということで主戦論に転じてしまった。以降、銃後で待つ家族は戦況がどうなっているかということを新聞で読みたい。その読者のニーズに応えるためにも、じゃんじゃん戦争を報じ、勝ってる勝ってるという大本営発表をタレ流しした。そうしたほうが新聞も経営的に成り立つというメディアの弱さもあった。もしいま中国と日本が一触即発の事態、もしくは攻撃を受けた状態になって、多くの人が日本も戦わなければならない、やり返さなければいけないという世論に傾いたとき、もっと冷静になろうよとか、違うやり方があるでしょうとか、外交的なやり方を重視しようなどと、メディアとしてきちんと言い続けられるかどうかは、私たちにも問われている課題なんですよね。何か有事があったときに、そんなのんきなこと言ってる場合じゃないよ、相手をつぶさないと自分がつぶされるよといった声にメディアが反対できるかどうかは、過去１００年の歴史に鑑みても、私たちの責任はとっても大きいと思います。

三上　まさにこの10年、ニュースの中で「今日は自衛隊と県が図上訓練を実施しました」という報道も増えました。私はニュースのアナウンサーを26年やってましたけど、「図上訓練」なんて軍隊用語は使ってこなかったし、改めてこの言葉を広めたくもないわけ。有事法制のもとで地震、津波、テロなどに対応するという名目で市町村に制服を着た自衛隊が入ってきて「防災訓練の指揮をとる」ことになってしまったんです。しかし、訓練とはいえ命令系統は自衛官が自治体のトップより上に立つ形になってしまう。これは文民統制が守れていないと憂慮すべきことなんじゃないでしょうか。なのに制服の自衛官を映して「こうやって万が一に備えるんですね。安心ですね」と無批判でニュースを垂れ流すのは恐ろしいことです。

島　それは放送局の務めじゃないと思う。戦争する国に向けてメディアが手伝っているのは罪深いと思います。慣れはこわいですね。それは無自覚なのか、自覚的なのかなぁ……。

三上　大多数は無自覚なんだと思うよね。

島　解釈で憲法の大事なところを変えちゃうような政権だからこそ、メディアはもっと自覚的にならないといけないんだけど、逆に政権寄りになって、市民からは信用を失っている。私たちも自戒しないといけないですね。

それにしても、安倍政権によるメディアへの圧力は本当に強まっています。典型的なのは２０１４年の衆院選の前に自民党が在京テレビ局に選挙報道を「公平、中立にするように」と文書を送ったことです。また15年にはＮＨＫとテレビ朝日を自民党本部に呼びつけました。14年の衆院選の文書は出演者の発言回数や時間、果ては街頭インタビューにまで「公平中立」をこと細かに要請しています。さらに高市総務相が16年２月の衆院予算委員会で、放送局が政治的な公平性を欠く放送を繰り返したと判断した場合、放送法違反を理由に、電波法に基づいて電波停止を命じる可能性に言及しました。許認可権を露骨に盾にとって、メディアの放送内容に関与してくる。メディアの自主性、報道の自由をまったく顧みない行為です。

実際、14年衆院選後に私がインタビューした一人のテレビ局出身の大学教授は、テレビ局の選挙報道で「街の声」や識者のインタビューがかなり減ったと証言しました。多かったのは党首が街頭で演説している場面などの、いわゆる「出来事報道」。こういう出来事がありました、と報道しているだけなら当たり障りなく、問題にならないという自主規制が働いていると思います。これがメディアの自粛につながり、報道の自由が脅かされる事態になる。

三上　それを素直にうけてしまうメディアの側の弱さもある。政府が各社を呼び出すとか、政府の通達を受け取ったときに、即座に「なに言ってるんですか」と突き返すということができない。

テレビ朝日が呼び出されたときも、「こちらからご説明に行ったんです」と言ったでしょ。そしたら、「被害者からは被害届がでていません」という話でしょ。安倍政権はメディアが自分たちの意のままになると思っていて、メディアの側がそれを否定できないという状況は、とっても危ないことだと思います。

島　私たちにとっては看過できない事態も起こりました。15年6月に安倍首相に近い自民党国会議員が作家の百田尚樹氏を講師に招いて党本部で開いた勉強会でのことです。大西英男衆院議員が「マスコミを懲らしめるには広告料収入がなくなることが一番だ。文化人、民間人が経団連に働きかけてほしい」などと発言しました。彼は以前、女性議員に「自分が子どもを産まないとだめだぞ」とヤジを飛ばして問題になった議員です。その後、長尾敬衆院議員が「沖縄の特殊なメディア構造をつくったのは戦後保守の堕落だ。左翼勢力に完全に乗っ取られている」と言ったことに対して、百田氏が「沖縄の2紙はつぶさなあかん」と発言した。

いずれも報道の自由や民主主義を無視するような発言です。この自民党の国会議員は、国家に管理された大本営発表だけが理想の報道であると考えているのでしょうか。

百田氏は安倍首相と共著本を出すほど近しい人物です。この人が沖縄の新聞をけなすだけならまだしも、沖縄についてもひどいことを言っています。「沖縄県人が目を覚ますにはどっかの島でも中国に取られないとならん」「もともと普天間基地は田んぼだった」「沖縄の米兵が起こしたレイプ犯罪より、沖縄人自体が起こしたレイプ犯罪のほうがはるかに率が高い」などなど。言論人でNHK経営委員にも就いたことのある作家が、沖縄に対する蔑視をあからさまにだした。私たちは、これは許せないと思いました。

すぐに発言を報道し、琉球新報と沖縄タイムスの2紙の編集局長が抗議声明をだしました。在京メディアからも多くの反応がありました。ただし、こうした問題が報道の自由を脅かすというメディア全体の問題に高まったかは疑問です。

三上　権力側の言いなりになっていくことに抵抗できないメディアの話ですけど、なぜこんなに足腰が弱くなったのかと考えると、私は平和教育の弱さがあると思うんです。例えば沖縄戦の平和教育でも、戦争体験者のお話を聞いて、子どもは「戦争は悲惨だ」「平和な時代に生まれてよかった」と書いて丸をもらう。戦争の悲惨さを知ること自体はもちろん大事だけど、70年前の日本人だってだれでも戦争嫌いだったのに、なぜみんな戦争に向かっていってしまったのか、そこを勉強しないと戦争は止められないと思う。軍国主義がメディアを歪め、教育を歪め、経済を歪めていくのをなぜ止められなかったのか。その視点と危機感があればいまのメディアへの圧力の恐ろしさにすぐに反発できるはずなんです。

島　自民党国会議員の発言は、一強と言われる安倍政権のおごりがでた発言だと思いますが、その背後にはメディアも自分たちの自由に操れるという確信があるのだと思います。選挙報道にクレームをつけたらメディアが萎縮し始めた。こうした成功体験が積み重ねられていく恐ろしさを感じます。

私たちは沖縄戦を学ぶと同時に、戦争にメディアがどれだけの役割を果たしたかも知らねばならない。戦後、多くの新聞は「戦争のために二度とペンを取らない」と誓いました。その誓いがいまも揺るぎないものか。戦後70年を経て、戦争の記憶の風化が止められないいま、メディアこそ、愚直に沖縄戦を伝えていかなければならないし、戦争で学んだことをいまに生かしていかなければならないと思っています。

三上　島さんの言う通りです。これだけ国家権力からメディアがなめられている状況は戦後なかったと思う。「国家」にあらがわずにはいられないほど大きな負担に苦しんできた沖縄だからこそ、この島のジャーナリズムはよどんでいるヒマもなかったわけで、私たちががんばらないといけないです。

私は子どものころから、二度と沖縄を戦場にしたくないと思ってそれが自分の仕事だと思っていた。そんなに難しくない目標だと思っていたの、多分30歳ぐらいまではね。沖縄戦の悲惨さを伝えたい、という特集をつくってる自分にも違和感はなかった。だけど、戦争の悲惨さを伝えるだけじゃ次の戦争を止められないというところにいつの間にかきてしまい、沖縄が戦場にならないためには相当がんばっても難しいんじゃないかということまで考えるようになっています。私って、沖縄戦で死んだ人の生まれ代わりかなってほんとに思っているくらい戦争を起点に考えているのに（笑）、そんな当たり前の願いが達成できなくなりそうで怖い。だからこそ、平和とくらしを守るために勝てないと思われるたたかいでも踏ん張ってきた沖縄の人々に学び、所期の目的である二度と沖縄を戦場にしないために残りの半生を捧げたいと思います。

辺野古基地を造らせないオール沖縄会議の結成大会
（2015年12月29日、宜野湾市コンベンションセンター）

第4章
沖縄基地神話と沖縄・在京メディア

1　「基地で食っている」という神話

島　本土メディアの報道姿勢とも関係するんですが、日本人の中には、沖縄に対する様々な無理解や無関心がありますよね。抑止力論についてはすでにお話ししました（第2章）が、「沖縄は基地がないと食っていけない」とか、「沖縄基地問題では県民世論は一つだというが、反対派と容認派があるでしょ」といった俗論がいまだにまかり通っています。それらは〝沖縄基地神話〟と言ってもいいようなものですね。

3年前に東京に赴任して、本土の側に沖縄は基地で食っているという「神話」が強固にあることに気づきました。官僚や政治家、記者たちなど多くの人に聞きましたが、ほとんどの人は沖縄県の県民総所得の半分から3分の1くらいは基地からの収入だろうと思っている。その人たちに正解を言うと、驚かれます。正解は5％です。5％が、「それで食っている」と言われるほど大きなものか。5％は約2千億円ですが、そのうちの約7割は軍用地料と基地従業員の給料。つまり日本政府が思いやり予算という名目で私たちの税金から支出している費用なんです。

琉球新報「基地と沖縄経済」の連載から

三上　琉球新報では「ひずみの構造—基地と沖縄経済」という連載を行い、それは新報新書にもなって発行されました。島さんは、そのときのリーダーだったんですよね？

島　2014年の1月から8月まで8カ月あまり、「基地と沖縄経済」という取材をして連載しました。それまで新聞をめくっても、基地の経済効果というのが実際どのくらいなのかということが明らかにされてこなかったんですよ。なんとなく、基地で食べている人もいるし、といった論調が一般的でした。沖縄の人たちは、ここに米軍基地がある故の事件・事故に日常茶飯事のようにさらされてきた。女性だったらもっと肌身に感じるひどい事件がありましたから、子どものときからビクビクしながら生活してきました。そのリスクと、米軍基地から得られる経済的な効果がどれくらい引き合ってんのかな、というのが単純な疑問だったんです。で、調べれば調べるほど、ぜんぜん引き合ってないということがわかってきたんです。

最初あったイメージは、特に世代的に上の人たちには、復帰前の沖縄にはほとんど産業がなくて、基地で食わざるをえなかったという記憶がまだあって、それを引きずったものでした。もちろんそれを否定するいろいろな数字はでていましたが、一般的な認識にはなっていませんでした。この「基地で食っている」と言われているメインの人たちは、軍用地主たちでした。

三上　その軍用地は、「銃剣とブルドーザー」で取り上げられた祖先の土地だったわけです。だから地主たちはそこからの地代ともいえる「更新協力費」で生活するしか術がなかった。

島　私たちも、「軍用地主はすごく儲かっている、不労所得者じゃない？」と思っていた。で、その人たちのことを実際に調べてみたら、基地からの収入は決して多くなく、返してもらったほうが儲かるということに気づき始めていたというんです。だから実際には、２０１１年ごろには地殻変動が起き始めてたんですよ。

具体的な話をしますと、沖縄で最も高い軍用地は那覇軍港です。その那覇軍港の、年間の一坪あたりの地代は1万9千円ぐらいなんです。普天間基地なんか、年間坪６８００円程度。ところが、米軍基地が返還されて街になった那覇新都心という地域の平均の商業借地料というのは、高いところで3万6千円もする。平均でも一坪あたり3万円ぐらいするんですよ。

三上　あの、返還された土地を現在、坪3万6千円で貸しているということですか。

島　そうです。沖縄で最も高い軍用地でも1万9千円ですから、開発が成功すれば実入りが大きくなるということが軍用地主の人たちもわかり始めてきた。みんなが「あれっ」て思って、経済界はもちろん、沖縄の人たち全体が何か違うなって思うようになった。

三上　私たちも、基地は沖縄の経済発展の阻害要因だということを繰り返し言ってきましたが、沖縄県内の大多数の認識もようやくそこにたどり着いた。それには、２０１１年の琉球新報のみなさんの報道がすごく大きかったと思う。前にも言いましたが、経済界もこの認識を共有したことが、オール沖縄がつくられていく土台にもなったわけですから。

基地返還でこそ大きい経済効果が生まれる

島　でも、なんとなくモヤモヤしてたと思うんですよ。アメリカの総領事館は、アメリカの軍人たちが買い物をして落すお金については、そのデータを一切公表しない。アメリカ軍の一家族が月々どのぐらい消費しているか、公表してくださいよと言ってもださない。沖縄県が要求したけれど、そのときもださなかった。しかも、基地内には、ほとんど関税のかからない大きいスーパーがある。沖縄の民間地域で買い物するよりずっと安いんです。私も入ったことはあるけど、格安だし、生活必需品だけでなく、車や楽器からブランド物まで売っている。さらに基地内にはボウリング場やバーやレストラン、ゴルフ場などの施設もたくさんあって、米軍関係者は安く利用できます。そうした施設のほとんどは日本政府が「思いやり予算」でつくって従業員も雇用して提供しているから安いんです。だから、沖縄には中城村と北中城村を足した人口よりも少し多い約5万人の米軍人、軍属、その家族が住んでいるけれど、彼らが沖縄で消費する額はそれほど大きくないと思われます。

三上　安いもんね、あそこは。私がいま住んでいるのは中部の見晴らしのいいところなんですけど、アメリカ軍住宅だらけ。大きな犬を連れたご家族が歩いているけど、私たちがいつも買い物をするスーパーには彼女たちはいないもの。

島　沖縄の民間地に落す額も推計値しかないけれど、大きなものではない。アメリカ人に家を貸して高い家賃をとっている人たちがいるさぁって言うけど、それはほんとにごく一部。私自身、ベトナム戦争のあと米兵がさーっと去っていって、多くの家主がすごく困ったことを、子どもながらに見聞きしていますから、基地に依存する経済が安定したものじゃないことはわかっていた。それで、事件・事故のリスクとはまったく引き合ってないということがわかったんです。

三上　作戦のスケジュールでわーっときて、いなくなるときはあっという間にいなくなるから、米兵相手の住宅もリスクは高い。でも、全国の人は知りたくないんだよね、基地は実はあまり沖縄の経済を助けてくれていないという事実を。

島　お金をもらっているんだから基地を引き受けてもいいんでしょ、っていうのが、迷惑施設を押しつけて平気でいられる理由ですよね。基地があるゆえに国から多額の補助金をもらっているというイメージもありますが、沖縄県に投下される地方交付税や国庫補助金など、いわゆる国の財政移転は日本復帰から43年間、全国都道府県の中で4から11位の間を上下していて、全国一になったことは一度もありません。復帰まではもちろん、日本からの財政移転はほとんどなかった。戦後から米軍統治下にあったためにインフラ整備などが遅れた27年間を取り戻すという意味での沖縄振興予算ですが、全国一もらっているというわけではない。

ただし、連載の後半はまさに沖縄経済の「ひずみ」を紹介しています。

戦後、日本国内では国内産業の保護政策をとり、外国製品に高い関税をかけて国内の製造業を育てました。車や家電などがその例です。しかし米軍統治下にあった沖縄はそうした保護政策はなく、外国製品が一気に入ってきたために製造業が育つことはできなかった。ＴＰＰによって多くの農産物や製造業の関税がなくなったことを想像してみてください。ですから沖縄は米軍基地からの収入に頼らざるをえなかった。日本復帰後も観光業と公共事業と基地が沖縄の3大産業と言われました。

復帰から40年以上たってほかの産業が伸びてきた。観光業は基地収入の2倍を超え、ＩＴ産業も育っています。しかし一部にはまだ基地に頼っている人たちもいます。ただし、基地が生みだすのは借地料とわずかな日本人従業員の雇用が主で、発展性はありません。

自治体に目を転じると、嘉手納町や恩納村、宜野座村など基地面積の大きな自治体の中は、財政の20％以上を軍用地料など基地からの収入に頼っているところもあります。そういうところは基地収入に依存し、自立経済が築きにくいというひずみが生まれています。そのひずみも明らかにしたかったのが、連載を書くきっかけですね。

三上 米軍基地が返還されて開発したところが、いま大きな経済効果を生んでますよね。

島 那覇新都心はその一つですね。開発が進んだことで人口も急速に増加し、県が２００７年にまとめた「経済波及効果調査」では、返還前の32倍となっています。ですから、基地返還が進めば、沖縄経済のひずみを解消するうえで大きなメリットがあると期待されています。

運動の力を削ぐ政府の分断策

島 政府が、問題になっている地域に、県や市の頭越しに補償金をだしたり予算をつけるという問題がありますよね。政府は昨年、名護市を通さずに、辺野古周辺の３つの自治会（辺野古・豊原・久志）に直接、３９００万円を配った。それを今年度は７８００万円に増やし、しかもこの仕組みを制度化しようとしています。辺野古で埋め立てに伴う補償金が支払われたときも、名護漁協の組合員には頭割りにすると一人当たり４１３８万円が配分されたなどと報道され、「やっぱり金欲しさからか」といった声が上がった。まさに分断策なんですけれどね。

三上　守屋元防衛事務次官は、よく辺野古にきていました。そして辺野古の有力者と一緒にゴルフして、辺野古区に対して具体的な開発計画の後押しを約束したり、基地がきて移住を希望する場合に一軒当たりいくらの補償金をだすとか、内々で話すことがその都度漏れ伝わってくる。守屋さんにどの程度の決定権があるのか、実行が担保されていなくても、実際、近しく辺野古の人と付き合ってるのをみんな知ってるから、生々しい話も信じてしまうんです。これについて、辺野古ゲート前に座り込んでいる文子おばあは、辺野古の集会の中で「一軒当たり1億5千万円というわさを聞いた人がいると思うけど、絶対にウソだ、そんな証拠があるんだったら出してみろ。1億5千万円もらえると思っている人がいっぱいいると思うが、それはもらえません」って、みんなの前で果敢に言う。地域の中でこんなにはっきり言える人はあまりいないけど、おばあは辺野古区のリーダーに恨まれてもいい、国に騙されたくないと必死になって発言してきたんです。区民も、実際わからないけど、1億5千万まではいかなくても3千万円ぐらいはもらえるんじゃないかとか、辺野古にいると感覚が麻痺してくると思います。

島　何らかのことはしてくれるよねって期待はあるよね。だれでもが3千万円くれるって言われたら欲しいですよ。目の前にチラつかされたらなびく人もいるでしょ。

三上　なびかない人なんてめずらしいですよ。でも、国があげたいと言うなら、いろんな名目のお金はもらえばいい。それでもこころを買われたわけではないのだから、意見が反対なら反対だと言えばいいと思うけど、人間って不思議にそうはできてないんですよね。２０１４年に漁協にお金がおりたときも、それはボーリング調査や工事の期間、生業である漁業のために湾を使えないことに対する迷惑料であって、基地として埋めてしまう補償金としてもらったわけじゃない。でも世の中の人は、埋め立てにオーケーしたからもらったんだとしか解釈しない。もらう側の漁師さんも、ずっと反対してきた人は反対し続ければいいんだけど、「もうものが言えない」と肩を落とす。お金の魔力ってこわいですね。だから、権力側がお金と時間をかけてそういう思考や体質を何十年もかけてつくりあげてきた罪、分断の仕組みを問うてほしいんですよね。

お金を受け取るという選択肢は

島　久辺3区に対し、頭越しに計3900万円を支出した問題でも、久辺3区でもかつて埋め立てに反対を決議したことがあったし、菅官房長官は迷惑料だと言った。だから、そのやり方は財政上も自治上もおかしいとは思うけど、しれっともらっちゃうという手もありうる。

三上　お金をもらっても主張を変えないという力をつけることも、沖縄がこれ以上虐げられず、国と地方の健全な関係を再構築していくためには必要だとは思う。お金をもらっても反対してもいいんだということになったら、政府のお金による分断政策は失敗なわけです。お金で人のこころを動かすという作戦に対抗するためには、お金をもらって反対をするという前例をつくるのも一つの手ですね。

そもそも、お金をもらっているんだから我慢しなさいっていうのは、例えばお金をもらった人だけが被害を受けて我慢するんだったらともかく、沖縄県民全体から言ったら、被害しか受けない人が圧倒的多数なんだから、それはない話じゃないですか。沖縄を一つの人格にたとえて、お金をもらっているんだからある程度被害があってもしょうがないでしょ、っていうのは外から見る人の乱暴な話だよね。

島　その分断政策は、植民地支配をする側の人間からすると、効果的な手法なんですよ。だって、基地の騒音でたくさんの人が被害をうけているけど、騒音に対する迷惑料なんて何もないわけです。でも、宜野湾の地元や軍用地主の中には、お金がくるから基地はずっと置いててほしいと思う人もいるわけでしょ。そこから分断が生じ、反対する力を弱めるというのは、植民地政策のイロハのイですね。福島原発の事故の被害補償でもわざと区割りをして、距離はそんなに変わらないのに、10万円もらえるところと何ももらえないところに分けている。そうすると、もらってない人たちは、「もらったってパチンコにしか行かないのに」って、恨み節の一つも言いたくなる。結局、除染のやり方でも、最終処分場の問題でも、政府や東電に矛先が向かっていかないじゃないですか。

三上　国や大きな仕組みを恨むより、身近にいる人に恨みを向けていくというワナにかかっちゃうんだよね、分断させられると。

島　石原伸晃自民党議員が環境大臣だったときに、福島の汚染土の中間貯蔵施設建設の問題で、「最後は金目でしょ」って言ったでしょう（2014・6・16）。言われた側も怒ってたけれど、私もあれを聞いたとき、身体が震えるほど怒った。はっきりいって、それは沖縄に対してもまったく同じゃないですか。国策で地方に基地や原発を押しつける、金で住民を分断して、地方で犠牲になっている住民同士が争わざるをえないという状況をつくる。マスコミも、「反対派と賛成派がいる」「金もらっているほうが賛成しているよね」という単純なステレオタイプの話を、実際に取材して書くわけじゃないですか。普天間に行って、高校生たちに話を聞いて、「生まれたときから基地があるのが当たり前だから、基地で食べている人もいるかもしれない」って言ったら、「若い子たちはみんな基地を受け入れている」って書くわけ、あぜんとする。

三上　同じ大浦湾周辺の旧久志村地域の中でも、久辺3区にだけじゃぶじゃぶお金が落ちて、二見以北にはまったくこない。いまの設計図を見たら滑走路の向きからすれば飛行経路の真下に入ってもろ被害を受けるのは二見以北。なのに政府は地元は久辺3区だと決めて、ここに直下型にお金を落としていくという、分断の手法があからさまですよね。

島　そしたら、「ヘリ基地いらない二見以北10区の会」の人たちにすれば、「また久辺3区か」って話になり、内輪もめという状況になっていく。お金をもらっているってことだけが一人歩きすると、彼らの思う壺ですよ。

三上　でも、お金はもらうだけもらって反対は反対で貫けばいいって私たちが本に書いたら、「この女二人はなんてことを言う、これが沖縄の本質だ」みたいなネトウヨ攻撃にあいそうだな。

島　ゆすり、たかりの名人だって、言われるかもね。

2 「反対派と賛成派がいる」という神話

島　基地反対は沖縄県民の総意だと言うと、「反対派ばかりじゃない、賛成派だっているじゃないか」「それを言わない沖縄メディアは偏っている」という声はいつまでたっても消えないですね。

ほんとに基地をつくりたい人などいない

三上　私がつくる作品について、よく反対運動しかでてこない、基地をつくりたい側をちゃんと描いてないからバランスが悪い、と言われます。じゃあ、沖縄県内に基地をつくりたいという人ってどんな人なの？　だれを取材しろと言ってるの？　と私は聞きたいです。高江にヘリパッドをつくりたい人は誰なのか、辺野古を埋め立てて新基地をつくりたい人はだれなのか、って言ったら、みんなたぶん違う答えを考えると思うんです。なかでも多いのは、政府や総理大臣でしょとか、米軍じゃないの？　という意見でしょう。作品に防衛大臣のインタビューがあったほうがいいんじゃないのっていう人がいますが、聞く前に言うことはわかっている、判で押したように官僚の用意したコメントを言うだけでしょ。そして日本の大臣なんて数カ月で代わっていくし責任も取らない。こういう人の顔を出して悪役にするのは本質を逆に見えにくくするだけです。

島　政府や官僚はだれも責任を取らない。そんな彼らを、安全保障政策なんて考えてみたこともない有権者が、辺野古につくりたいとエンパワメントしていることを許しているわけですよね。

三上　私は、反対派と賛成派という仮想グループの二元対立をメディアの側がつくりだして、変なバランス感覚に話をすり替えて大事な物事が歪められてきたと思っています。辺野古の反対派をだしたら、賛成派を見つけてだすのがバランスだとかいうけど、基地をつくると言い始めたのは間違っても辺野古の人じゃない。日米両政府がどうしてもやるのであれば、条件をだしますよという人たちを賛成派と呼ぶこと自体間違ってる。今度埋められてしまう平島、長島はみんなの憩いの海です。それを歓迎してる人が辺野古にいるわけはない。かつて名護市街地の商工会が容認派としてよくテレビにでていましたが、この人たちがどうしても基地をつくりたい主体ではないし、埋め立てオーケーをだした前知事の仲井眞さんだって、死んでも辺野古が埋められるところをご自身で見たいわけじゃない。基地を押しつけるものの正体、その構図を描くことはそう簡単ではない。でも、メディアの中には、今日のニュースで反対派の動きを1分半放送するんだったら違う意見も入れておけっていう指示が下されがちです。バランスが悪いと放送されないよりはと、無理やり反対していない人の意見を撮らせてもらってだす。すると、「なんだ、反対している人たちばっかりじゃないのね」って、全国の人は冷めた視線を送ってくる結果になってしまう。

島　基地問題で取材をしていて難しいと思うのは、地域の目を恐れて、自分の意見が言えない人たちが、すごく多いということですね。私が宜野湾を担当してるときに、宜野湾の人たちは、とにかく普天間基地がなくなってほしいけど、辺野古にもっていくのも困るというのが大多数の気持ちでした。自分の子どもが基地に隣接した普天間第2小学校にいると、怒鳴らなければ会話できない状況におかれるわけだから、「どこでもいいからとにかくなくして」って思うのは当然です。でも辺野古にもっていったら、自分たちの痛みをほかに押しつけることになるから、それは言えない。だったら自分たちが我慢せざるをえないって思う。やさしい思いをもっている人たちが多いから、かえってとっても複雑な思いを抱くんですね。多くの沖縄の人たちは、自分の痛みをほかに押しつけて自分は安楽になるさぁとは思っていない。なんかほんと「ちむぐくる（肝心）」だなあって思うんですね。

三上　ほんとですね。でも、ことは辺野古か普天間かという二者択一の問題ではないんだから、宜野湾の人は「どこにもってくかは知らないけれど、とにかくなくしてほしい」って言っていいし、「でも辺野古はやめて。もっといい方法考えて！」って言っていいはずなんですよ。解決策は政治が考えるべき。なんで苦しい思いをしている宜野湾市民が辺野古か、県外か、それとも撤退かと説得的な代替案まで用意しなければならないのか。いいアイディアがないのに反対って言ってはいけないなんて、優しすぎます。

痛みは他に押しつけてもいいのか

島　「本土にもっていったら」となったら、今度は本土の人に自分たちの痛みを押しつけることになる。この県内か県外かという基地引き取り運動は、この数年来の話で、それ以前の宜野湾の人たちは、「本土にもっていくっていっても、こんな騒音ではいやでしょう」って言ってました。私、すごいなぁと思うんですよ。

三上　結局、日本という国の本性として、基地も原発も、産廃などの迷惑施設も公害も、自分には何も降りかからないところに押しつけて、自分だけ安全ならいいという思想があるんでしょうね。本土決戦が迫ったら、とりあえず南西諸島で戦ってもらって、本土に被害が及ぶまでの期間を引き延ばそうというのと同じですね。そこの人たちが殺られても、とりあえず自分だけは助かっていくという。それを国単位でやってしまったらおしまいです。過疎地や田舎の弱いところ、小さな島に原発や基地を押しつけ、その人たちが苦労しているかもしれないけれど知らないふりをする。それは道徳も美学も何もない、浅ましい考え方ですよね。これを超えるような思想をもたないといけない。

島　さらに、押しつけているという罪悪感をもたないか、あっても違う理由にすり替えてゆく。

三上　沖縄は幸い、もう押しつける先もないから、人に押しつけるというずるい発想がでてこないのかもしれないですね。沖縄が大帝国だったら、下々に押しつけていけたのかもしれないけど……。

島　どうですかね。沖縄がある意味の帝国だったとして、じゃあ宮古や八重山にもっていけばいいさ、って発想になったかな。ならないと思うんですよね。それは文化かもしれませんね。安倍政権がオリンピックを誘致する演説をＩＯＣ総会で行ったときに、「福島とは３００キロ離れています、完全にアンダーコントロール（統御）されていますからご安心を」って言ったじゃないですか。あれを聞いたときに、離れていたらいいのかって、とても不思議な感覚の持ち主だなぁと思いました。

三上　醜い国家だと思うわ。あんな大事故で、地球規模で迷惑をかけ続けているのに、国際社会から忘れさせるためにオリンピックを利用する。復興したと印象づけて守りたいのは経済であって、復興できていない地域の現状は黙殺する。

島　じゃあ、沖縄の米軍基地に核兵器を置いたって、何百キロも離れてますから大丈夫ですって言うのと同じ。本土の人は「ああ、そうだね」って思うんでしょうか。

三上　東北の人たちもすごく優しいし、我慢強いし、人を責めたりもしない。あれだけ被害をこうむっても、「もっと大変な思いをしてる人がいる、自分のところはまだましだ」っていう言い方をみなさんされますよね。沖縄と似ているかもしれない。

折り合いをつけてきた人たちのこころの底

三上　先ほども言いましたけど、私の作品はよく偏っているって言われますが、自分では、私なりに必死にバランスをとっているんです。バランスというのは、もちろん賛成・反対の二項対立なんかではない。取材であちこち動き回り、自ら体験しているなかでつかみ取ったものを表現しているわけで、この構図を表現するためにはどういう配置が必要なのかを悶々と考えてあの形になったんです。

島　ほんとに偏ったものをつくれば、「標的の村」にしても「戦場ぬ止み」にしても、人は観にこないわけであり、くるのはバランスを考えているからだと思いますよ。

三上　例えば、高江で１９６０年代に北部演習場に「ベトナム村」がつくられ、住民がベトナム人に扮して対ゲリラ戦訓練に協力をさせられたというのは事実だし、新聞にも書かれている。しかしいまになってそれを取材することはとても難しい。地元の人はそんなことは話したくないわけですよ。もともとの高江という集落は、山あいの小さな字《あざ》が合体していまの形になったもので、いわば合衆国。戦後の移住者も多く、歴史もあまり共有してないから、ゆるやかな感じでつながってとても仲良く住んでいる。一番こわいのは亀裂が入ることだという集落です。反対の声を上げているのは比較的若い家族が多いのですが、私が「ベトナム村」の過去を聞きだそうとカメラをもって古い住民の家を訪ねれば、反対運動の何かに使われるのかと身構えてしまう。

島　50年も前の話ですよね。

三上　その訓練に協力した時代というのは、ここで「ベトコン」を掃討するジャングル作戦の訓練をし、あすにでも現地に向かうという米兵たちが山ほどいたわけです。ベトナムに飛べば、生きて帰ってくるか死体で戻ってくるかの二つに一つ。米兵も必死です。そんな中で高江の住民にとっては、空砲だから撃たれるわけではないし、シーレーション（戦闘用の食料）をもらえるし、当時訓練に参加するのは屈辱ではなくギブアンドテイクだと思ってたというんですよ。毛布もくれたし、小学校が移転するときグラウンドをつくってくれたのは米軍だから、こっちも協力したと。山のなかの高江の生活なんて、那覇の民政府はなんのケアもしてくれなかった。土砂崩れがあって道が使えなくなっても、救急搬送が必要になっても、行政は何もやってくれなかった、遠いしね。そんなときは、隣のジャングル戦闘訓練場にいる米兵たちしか頼りにならなかったわけだから、そういう意味でギブアンドテイクだと。それを、いまの時代の感覚で、米兵の的としてベトナム人役をさせられたんですか？　人権侵害ですよね？　なんてカメラもってきて言われたらとっても嫌ですよね。

島　それはそうでしょうね。そんな訓練に協力したことが、まるで意識が低いと言われているように感じてしまうかも。でもそれは三上さんの目的ではないですからね。

三上　もちろん、過去に区民を標的にさえしていたということがわからなければ、いま高江の集落を囲むようにヘリパッド（着陸帯）をつくっている、その意味の恐ろしさ、山あいの集落が地形ごと訓練の標的とみなされる異常さが伝わらないから、このエピソードを反発を承知で掘り起こしていくわけです。

辺野古もそうだけど、占領下で圧倒的な権力をもっている米軍にあえて正論をぶつけ、自分たちの権利のためにたたかうことをしてこなかったわけではない。抗議したり、状況を変えるために大所高所に立って考えて行動する選択をした人もいる。しかしそれはものすごくしんどくてリスクが高いこと。みんながそんな行動をとれるはずもない。それよりは「あの人たちだっていい人だよ」と思ったほうが、精神衛生上いい。生きていくためには、解釈を変えたほうが楽になれることはたくさんあります。「カーニバルとかあって、楽しいさ〜」という意見がある。それを単純に基地肯定派ととるのは、私は違うと思う。いつもたたかったり反対していたんでは生活なんてできない。それを全部見ないとダメだよねって、長年取材していて思うわけ。

島　辺野古の集落がその代表なんだけど、「アメリカ兵はいいこともやってくれてる。反対の人たちはそこを見ていない」ということを反対しない理由にあげます。それはすごく根の深い問題ですね。

思い出す光景があります。

民主党政権が誕生した２００９年、当時の鳩山由紀夫首相は普天間の移設先を「最低でも県外」と言いました。この発言以降、沖縄は、県外移設という選択肢もある、と県民が目覚めたんです。そして自民党議員も辺野古移設容認から「辺野古移設反対」の公約を掲げざるをえなくなりました。

しかし、２０１２年末に自民党が政権を奪還すると、安倍政権は県外どころか、辺野古移設を進めることになります。そして、「辺野古反対」を公約した沖縄選出の自民党国会議員に圧力をかけ、公約を覆させたんです。２０１３年11月、自民党は石破茂幹事長（当時）が５人の国会議員を壇上に座らせて、自身が記者会見して、沖縄の自民党国会議員がみな辺野古移設に賛同した——と発表したんです。そのとき、壇上に座った5人のうち3人はうつむいてなんだか悲しげな苦しげな表情をしていました。たぶん有権者の反発を予想していたと思いますが。

その写真が琉球新報に掲載されると、多くの読者から「これは平成の琉球処分だ」という投書や声が届いたんです。琉球処分とは明治政府が琉球王国だった沖縄を併合したことを言うのですが、当時の病弱だった琉球国王、尚泰王が半ば強引に東京に連れて行かれて、王不在の間に武力で制圧するぞと脅されて明治政府に併合されます。それを題材にした沖縄芝居の「首里城明け渡し」の場面に、その苦しげな国会議員の姿が重なりました。その光景は、沖縄の人にとって、単に国会議員が公約を変えたということではなく、自身の誇りを傷つけられるような、中央政府の圧力に屈してしまった屈辱的な光景だったわけです。

三上　仲井眞前知事もこのときまでは、辺野古でなければ普天間基地は固定化すると繰り返す政府に対して「それは一種の堕落である」と言っていた。仲井眞さんを悪の原点みたいに描く表現も多いけれど、この方も哀れな植民地エリートの典型だと思います。沖縄の保守のリーダーは何十年も米軍や政府と折り合いをつけなければいけない立場だった。悔しくても折り合いはつけて生活を向上させる。でもあまりにバランスを崩して誇りを捨ててしまうと、民心は離れます。

島　本人は、誇りを捨てたとはまったく思ってはいないと思いますけど。もう一つ、植民地エリートが折り合いをつけてきたのは、仲井眞さんを含めてですが、対米ではなく対本土だろうと私は思います。仲井眞さんは、沖縄からインセンティブ(誘因)を与えられて東大に入り、通産省に入り、科学技術庁の技官になった人です。仲井眞さんは埋め立てを承認したときの記者会見で、TBSのニュースキャスターの金平茂紀さんの「日本語が通じるならば……」という質問に対して、「いまのは質問か、私に対する批判か」ってすごく気色ばみましたね。あれは、彼の本土コンプレックスを刺激したからであって、そこにウチナーンチュの本土に対する屈折した思いが示されていたと思います。それは、沖縄の人間の中にある、最も見たくない屈辱的な屈折した姿でした。

三上　体現してくれちゃったんですよね、それを。

島　だって、官邸という日本の権力の中枢に車椅子でやってきて、弱々しいながら両手をあげるようなポーズをして、「かつてない沖縄振興予算をつけてくれ、140万県民は感謝している。

これでいい正月を迎えられる」って。かつてない予算と言ってもそれまでとほとんど変わっていなかったわけだけど、彼はそう言わざるをえない状況だった。あの姿を見た沖縄の人たちがどれだけ誇りを傷つけられたか、官邸にいるヤマトの政治家たちには理解できないと思います。なんで仲井眞さんがこんなに人気がないのかといえば、ただ単に公約に反して辺野古移設を受け入れたからというだけではなく、最も見たくない姿を仲井眞さんの中に見たからですよね。

三上　ですから、翁長さんは彼をあまり責めないじゃないですか。「あの日がなければ」と忌み嫌っているのも事実ですが、前知事の決定を恨んでいるかを聞かれたときに「同じウチナーンチュのしたことですから、お互いに前を向けるように」、と記者の質問をかわしたことがあります。ずっと同じ路線を歩んできて、一歩間違ったら自分だってそうなりかねなかった、だから彼がそう言わざるをえなかった気持ちも痛いほどわかる、ということだと思います。

沖縄県民は、「平成の琉球処分」で石破さんの横に並んでいる5人の姿を見せつけられ、そのうえに仲井眞さんの裏切りですから、ここまでされるならもう、本気で本土とのあり方を脱しないといけないよね、と思わせるビジュアル的な効果があった。それがオール沖縄に支持が集まるきっかけにもなりましたよね。

島　「平成の琉球処分」の写真は、その日は琉球新報にしか出ませんでしたが、それは沖縄の人たちのコンプレックスを刺激する絵でした。「仲井眞さん憎し」という感情とは違う感情がそこにはあるんだということは、たぶん東京の人にはわからないと思います。

したたかに生きた人たちへの評価の仕方

三上　折り合いをつけてきたと言えば、先ほどお話ししたような辺野古のリーダーたちの姿が浮かびます。彼らは、辺野古に通ってきていた守屋元防衛事務次官などとしょっちゅう飲んだりゴルフして、大きな取り引きをしてくるわけです。このリーダーたちの無法な「やくざ」っぽい感じには、ある種惚れ惚れする部分もあります。昔から、地域を守るために矢面に立ってきた男たちの群像です。復帰前の琉球政府はあてにならない、復帰してからの県庁もあてにならない。だから、自分たちの安全と権利は自分たちでなんとかしないといけない。それには、知事や沖縄メディアを通すよりは、アメリカ軍や政府と直接渡り合ったほうが早いと。

島　「戦場ぬ止み」の映画にもそうした描写がありましたね。

三上　普通、アメリカ軍政下にあって米軍と対等に渡り合うなんてことはこわくてできないですよ。睨まれたら生きていけないし逮捕されることもあるわけだから。しかし辺野古にキャンプ・シュワブを建設すると米軍が一方的に通告してきたときに、彼らは進退窮まった。反対してきた区民も震え上がっている中で、じゃあ条件を出しますといって、実際に雇用、電気や水道などを手に入れてきた。その結果、寒村地帯にあって辺野古だけが基地の街として不夜城のようににぎわった。だからいまの若い辺野古の世代は、自分たちのおじいちゃん、お父さんたちが下した選択に誇りをもとうとするのは当然だと思います。清濁併せ呑むリーダーたちをヒーロー視するというのが、基地の街にはあるんです。拳銃をつきつけられても、それをかわしながら会話を続けられる、男気あるカッコいい人だと思われた。

島　ある意味、反対反対と叫んでいるよりも頼もしいと映るかもしれないですね。

三上　私は辺野古を反対運動の舞台として取材しているつもりはないんです。辺野古という集落そのものが好きなんです。苦しい歴史、繁栄した過去を抱えていままた新しい問題に揺さぶられるこの集落は、結束力が固くて芸達者ぞろいの勢いのある地域です。民俗学が好きだから辺野古のお祭りにも行きます。井戸の祭や、角力大会、ハーリー大会、村踊りやエイサーにも行く。神を迎える建物であるアシャギとかを取材していると、私を嫌っている辺野古のリーダーの一人が「ちょっとおいで、おまえらこういうのは食べたことないだろう」ってウニとかアワビの和え物とか高級な海のものを食べさせてくれたりする。ある班の役員をしている人の家に行ったときは焼肉をやっていて、「これジュゴンの肉だ、これを食え」っていじわるを言われたりね。そういうおつき合いをしていくなかで、反対運動寄りのキャスターだろう？　と敬遠されていた私もようやく辺野古のリーダーたちにもインタビューができるようになったんです。話していると、とても人間的に惹きつけられるものもありますよ。

島　この人たちの「正義」というものを目の当たりにしたのね。

三上　もう10年前になりますけど、辺野古のリーダーたちが防衛省に要請に行って、マスコミのインタビューに答えていたんです。島のおじちゃんたちが、慣れないスーツにピカピカの靴をはいて、「一軒あたり1億5千万円の約束が……」とか臆面もなく言ってしまう。あの会見を見て、地元の青年は「親戚のおじさんが自分たちのためにがんばっている」って受け取るけど、世の中の人はたぶん守銭奴みたいにしか見てくれない。ネットには、「引越しするのに1億5千万円もらえるなら、俺も辺野古に行こうか」なんて小ばかにして書かれていたでしょ。これって、政府からしたら、ほんとにわかりやすい。沖縄には基地に賛成してる人たちがいる。こうしてお金を要求しにきている。勝手に会見も開いてそれを宣伝してくれる……。そう利用されてしまっているわけです。でも、地域の人たちはそうは思わないし、本人たちももちろん、お金だけを目的にやっているわけじゃない、自分たちの地域が被害だけ受けて泣き寝入りしないために、正義のために悪役も引き受けてやってる。私はそれがつらいし悔しい。本当の悪役はだれなのか。彼らを絶対に悪者にしたくないって思います。

3 沖縄メディアと在京メディアを検証する

「両論併記」というバランス論

島 マスメディアには、反対派と賛成派の両論併記という変なバランス感覚があり、それが報道の真実を歪めてきたのではないかと思います。テレビは、キー局の意向を気にするところだっていうのは聞きますけど、琉球朝日放送（ＱＡＢ）ではいかがでしたか。

三上　私がテレビを離れて一番すっきりしたことは、その安易な両論併記を要求されずに取材したり書いたりできることです。キー局の意向の話ですけれど、私が沖縄にきたばかりのころは、地方局はいまほどキー局の顔色をうかがうことはなかった。系列と言っても本社と支社ではないし、独立した別の放送局なんだから、中央が何を言っても沖縄は沖縄さ、でよかった。東京を気にするのはＮＨＫぐらいだった。ＮＨＫは、沖縄で取材して沖縄でものを書いても、最終的に全国ネットにするときには中央が書き直した原稿を読んでいますよね。「沖縄に記者がいる意味あるの」って思う。でも民放も、次第に保守化し、キー局の意向を忖度《そんたく》するようになってしまった。編成会議だデスク会議だなんだと、頻繁に東京に集められてネットワークの利害というくくりの中で、従順な系列局員であることが無意識に植えつけられていると思います。そうした場が増えていくと、キー局に顔が利くことが地元局の出世につながるという側面もでてくる。地方局は言うことを聞け、などと中央からあからさまな圧力がかかってくるということではなくて、地方でエリートになっていくためにキー局との太いパイプをもつほうが有利だと。

島　逆に沖縄の新聞社は、沖縄で一番問題となっている基地問題をずっと取り上げていると、「沖縄の新聞は基地問題ばっかり、偏った特殊な新聞だ」という批判にさらされる。今日発売の「週刊新潮」もそうですけど、たいしたネタはないんだけども、「琉球新報、沖縄タイムスの研究」というタイトルの記事を４、５ページも使って宣伝していただいた。例えば、この６月１日に芥川賞作家の目取真俊さんがカヌーで抗議していて米軍警備員に身柄拘束された事件があったでしょ。これについても、「目取真さんがやったことは当然逮捕されるべき問題なのに、沖縄の2紙は彼の肩ばかりもってかばっている」と論じています。

三上　島さんのような立場にいると、しょっちゅう言われるでしょうね。なんて応えるんですか。

島　米軍は米軍提供水域に入ったからといって身柄を拘束したけれども、結局、不起訴処分にせざるをえなかった。しかも、身柄を18時間も米軍基地の中にとどめて、日本側がなんの手出しもできない状態にしたというのは、日本の主権の問題でしょ。沖縄の新聞がおかしいどころか、こういう異常な状況をほったらかしにしてる日本こそおかしいんですよ。なぜそういういびつな状態に沖縄が置かれているのかがわからないんですか、って説明しますけどね。

もっと大きく言って、「沖縄は偏っているんじゃないか」って言われたら、「沖縄は偏っていますよ」って言ってますよ。だって、全国の米軍基地の74・48％もの負担をさせておいて、それによる被害・事件が頻発しても、一方的な地位協定は60年間、一回も変えられていない。それを偏っていると言わずして何が偏っているのだ、ということです。つまり、沖縄の新聞が偏っているのではなくて、沖縄が置かれている状況そのものが偏っているんです。

もう一つ東京で記者たちにしょっちゅう言われるのは、「どうせ辺野古で座り込みをしているのはプロ市民でしょ」「辺野古の運動で飯を食っているんでしょ」ということです。「現地に行ってみたことあるんですか」って聞けば、ほとんど行ったことはないし、行こうとすら思っていないわけ。で、政府側や官僚の話を鵜呑みにして、疑いもなく無邪気に信じ込んでいることにびっくりするんですよね。

日本記者クラブの勉強会でのできごとから

島　3年前に日本記者クラブが若手の記者たちの勉強会をして、沖縄の問題をテーマにしたパネルディスカッションにでたことがあったでしょ。沖縄タイムス特別報道チーム部長の謝花直美さん、元朝日新聞編集局長の外岡秀俊さん、それに三上さんと私が発言した。そしたら、若手の記者が質問したじゃないですか。「みなさん、日本のことが嫌いなんですか」って。絶句したよね。

三上　たしか新聞社の記者だったと思うけど。

島　謝花さんは、沖縄のウチナーグチ（沖縄言葉）にも触れて言葉の問題と文化の問題を話し、私は、沖縄経済の基地への依存度が県内外で言われているよりもはるかに低いものだとお話しした。三上さんは、「標的の村」の抜粋映像を紹介し、基地反対運動の現場について語った……。

三上　女性三人がわあーってやっていたら、会場中がざざーって引潮みたいに引いて。最後に聞かれたのが、「お三方は日本は好きなんですか」みたいな質問。「反日分子」って思ったんでしょうね。「そんなに日本が嫌いなの、沖縄の人は」みたいな感じだった。なんにも伝わっていないんだと思ったね、あの質問で。

島　ちょっとがっくりきた。私たちは政府が沖縄に押しつけている米軍基地の問題、沖縄で起こっていることの不条理さを訴えたつもりでしたが伝わらなかったんでしょうね。三人で2次会まで行って、ビールをがんがん飲んじゃったよね。

三上　伝え方がまずかったのかなというのもあるし、それにしてもやってらんないわねーって、陽も高いけど飲も飲もって。

島　研修会にきているぐらいだから、そこそこ問題意識もあるような記者さんたちですよ。地方紙も在京紙も、テレビもラジオもきていたけれど、この人たちはどういうスタンスに立っているのか、と私は思った。

メディアのことを「ウォッチドック」って言うじゃないですか。メディアの仕事は、ただ公平な情報を与えることだけじゃない。いまはどんな情報でもネットでタダで見られますが、権力をチェックしウォッチして批判するというところにこそ、新聞やテレビの役割があるわけです。我々は、犬でしかないけれども、権力を監視する犬なわけですよ。ところが、自分と政府がある意味一体になっている、それをなんとも思わないっていうのは、とても不思議な現象に思えてきたんです。

在京テレビ局幹部のメディア観

島　そのことを思わせる事例がもう一つあったんです。同様な勉強会にまた招かれて、終わった後の懇親会で、私の隣に座っていたのが某キー局の夕方のニュースのディレクターだった人で、前は官邸の記者だったと言ってました。ちょうど辺野古のボーリング調査が始まり、辺野古の現場では反対派の人たちが連日、機動隊やら警備会社の人たちとにらみ合っていた。海上ではカヌーで反対運動をしていて、海保の人たちがその首根っこを捕まえて、港に戻したり、沖に置き去りにしていた。海上保安庁という政府機関が乱暴な取締りをしていることだけでも、権力による過剰な警備であり権力の乱用であることは明白じゃないですか。しかしその映像は、ローカル局では流れてもキー局ではまったく流れない。たぶん東京で流していたのは、金平さんがキャスターを務めるＴＢＳの「報道特集」だけだったと思うんですよ。

三上　私はそのとき、辺野古崎で反対運動の船が86隻の船に囲まれ、隊員が暴力的に乗り込んできて、船長の手を後ろ手にまわして座らせるという決定的な映像を撮ったの。で、金平さんに連絡したら、買うからすぐに送ってくれって。だけど、「その週の報道特集で使いたかったのに使えなかった」って言われて、金平さんはキャスターで役員にまでなっていたのに、そんなもんか放送局はって、愕然としました。でも、金平さんは「悔しいから意地でも翌週に使う」と言って、30秒くらい使ってくれてました。金平さんはただでは引き下がらないんだなぁと敬服しますが、金平さんでもあの映像をだすのにこれだけ大変だったんです。ましてや他局は、ですよ。

島　で、隣に座ったディレクターに、海保が乱暴なことをしている映像は、沖縄では流れるのに全国では流さないのって聞いたら、「いやぁ、ぼくらの局では海保を悪者にする映像なんて流せないですよ」ってへらへらと言ったわけ。びっくりして、「権力を乱用している絵があるんだから、おいしいネタじゃないの」って聞いたわけ。そうしたら、「いやいや、会社がそんな」って言うわけ。この人たちは、会社の意向を忖度して自主規制して、権力に歯向かうメディアとしての仕事をしないことになんの疑問ももたないんだな、と思ったわけ。

三上　ジャーナリストの仕事の本分が権力の監視だということを、たぶん習ってないし思ってもいないんでしょ。海保も、警備会社も、沖縄県警も、身体的に力をもっているし、権力もある。大きい権力が、小さい人たちの人権を侵した場合、メディアがその真ん中に立つというのはありえないでしょ。でも、「真ん中論」を言うんですよ、放送局の人は特に。国という組織が70年間、沖縄を虐げてきたという構図のなかのバランスとは何か、ということを考えることもなく、基地に反対している人と賛成している人がいるんだから、その両方をだせばオーケーだという。反対の人がやられている映像をだしたら、海保が悪者に見え、勘違いされるって言いたいんでしょうね。じゃあ、これをださなかったら？　国民の見えないところで暴力的に基地建設を進めていることをあえて報道しないのならば、進める側に立ってしまっていないか。それこそ中立じゃないといいたい。

島　東京の大学生からも、「琉球新報は基地に賛成している人の声は載せないんですか」とよく聞かれましたね。「みなさんは、メディアの仕事、新聞の仕事ってどんなものだと思っているんですか」って突っ込んで聞いてみると、「多様な意見を公平に載せること」だという答えが一番多い。で、「公平ってどういうものだとイメージしているんですか」って言うと、「いろんな意見があるはずだから、賛成の人も反対の人も同じように載せることだ」って言うわけです。

でも、基地問題でいうと、日米という大きな権力が、沖縄という小さな地域に基地を押しつけようとしている。そのときに、日米政府の言っていることと、沖縄の言っていることを均一に載せることが公平なのか、ということです。政府の側は、自分たちの主張を様々な媒体を使って言えるから大きな権力なんです。それにひきかえ、それに対抗する沖縄の人たちの主張は、お金もないし媒体も限られている。それを同じ量だけ報道すると、小さな沖縄の声は届かなくなってしまう。小さなもの、弱いものの立場に立つことが、実はメディアの公平なんだけどね。

三上 中央マスメディアの記者たちは、いま弱者のためにがんばっても、たぶん何もほめられないしメリットもないんですよ。そこで身体を張るためには正義感とか反骨精神があふれる人が必要なんだけど、それがないんだったら、そこに喜びもないから、結局だれもやらないですよね。

島 だったら、報道の人間ではなく、ただ番組をつくっているだけですって言えばいいのにね。

三上 責められたくない、前例がないことはしたくないという性分だったら、報道をやめて、官庁にでも行けばって思うけど。

島 こんな勇ましいことを言っているのはたぶん、沖縄の記者ばっかり、東京ではこんな話はしないですもんね。

東京にいておもしろいなって思ったのは、虐げられている人の立場に立つという目線がないということです。フクシマについての報道でも、原発事故については批判するけど、仮設の人たちのところにいって取材をしても、帰ってきたら「パチンコばっかりやっている」とかしか言わない。パチンコにいかざるをえない事情は感じないのかな、ってすごく思います。東京から見ると、やはり上から目線で、高い補償金をもらってどうのこうのという発想になる。私は、東京の記者クラブで福島民友新聞、福島民報さんと同じ部屋にいたので、彼らの憤りに同調することが多々ありました。

三上　弱い人たちのことを読み取れないんですね。「沖縄の放送局や新聞は偏っている。実は賛成している人がいるんだ」というのは無責任な陰謀論。「実は」でもなんでもない。全員100％反対だなんてだれも言ってない。でも、見る人たちもまたこれが好きなんだよね。それは、自分たちが押しつけていると思わなくていい、向き合わなくても自分が許されるという、一種のカタルシス（浄化）作用として働きますから、この論理が好きなわけです。そういう意味では、伝えるほうも、受け取るほうも、毒にはまっているよね。

島　そう、責任も痛みも感じずにすみますから。

田中沖縄防衛局長のオフレコ発言問題

島　防衛省の出先のトップである田中聡沖縄防衛局長のオフレコ発言事件（2011年11月）ってありましたよね。この人が近くの居酒屋で記者たちを呼んでオフレコの飲み会を定期的にしようということになった。彼が就任してそれが初回だったのです。ウチの記者は遅れて行ったので、その「オフレコだよ」ってことは聞いてはいないんだけれど、暗黙の了解でこの場はオフレコだなって感じてはいたわけ。で、辺野古のボーリング調査の着工はいつかということが焦点になり、田中局長が「犯す前に、犯すって言いますか」って言ったんです。

三上　「いつなんですか、教えてくださいよ」と迫る記者に対して、「レイプする前に、レイプするって予告するか」というようなことを言ってしまった。

島　周りの記者は、ガハハって笑ったけど、うちの記者は「なに言ってんだ、この人は」って頭が真っ白になったって。で彼は、その会が終わった後に、この発言はおかしいだろうということで、部長に電話したんです。うちは録音してないから、彼の記憶にしかない。だから、田中側がそんなことは言ってないって強弁するかもしれないけど――実際に最初は「言ってない」って否定したからね――「書きますよ」ってその日の夜11時ぐらいに通告した。そしたら、「オフレコなのになんだ、書いたら今後の取材を断る可能性もありますよ」って言ってきた。だけど、うちは報道本部長などトップも含めて、こんな発言を県民、読者に知らせないわけにはいかない、ということで書いたんですね。在京メディアの一つである日経新聞は、逆に「オフレコを破るのはどうか」という論を載せていましたが。

三上　彼はそれで防衛局長を更迭されました。しかし、また本庁に戻ってきて復活しつつありますけどね。

島　そのオフレコの報道のときに、私は県庁記者クラブのキャップで、別の懇親会にでていたので後から聞いたんですけどね。田中局長サイドから、「今後われわれはあなたたちの取材を受けない可能性がありますよ」って脅しで言われたんだそうです。

三上　その日に、私は大変な目にあったんです。QAB（琉球朝日放送）はその場にいなかったので、後追いだけども、インタビューもたくさんとって報道し、アトコメ（VTR後のコメント）も長めにしゃべりました。アトコメというのはだいたい自分たちで書いて、それをもう一人のキャスターと二人の割台詞《わりぜりふ》にして、デスクのオーケーをもらってスタジオに入る。そのとき私は、「レイプというのは相手の人権を蹂躙することを百も承知で行う恥ずべき行為です。辺野古の基地建設に対して国が行うことをそのレイプになぞらえたのは、普段からそういう文脈のなかで話しているからそういう言葉になるんでしょうね」って言った。それに対してもう一人のキャスターは「だとすれば、この発言はただ単に局長ひとりが謝罪をすれば済むという問題ではありません」って言ったんです。

いま冷静に考えてもなんの問題もないと思うけれど、当時の局長が色めき立って、「そういう文章があるのか」って訂正を要求し、デスクがスタジオに駆け込んできた。私が言った「文脈」という言葉を「文章」と聞き間違えたのか、そういう文章や文書なりを見てないんだったら誤報だから訂正しろと言われました。「文書とか文章ではなくて、文脈と言ったんです。そういう文脈で物事を見るという意味です」と説明するんですけど、隣では生放送が続いているので興奮している局長にうまく伝わらない。「そういう文書を確認していないので不適切な表現でした」という訂正コメントの紙を渡されたものの、そうは言ってないものを謝れないとすったもんだしているうちに、お前が読めないなら、ともう一人のキャスターに渡して読ませた。なんともおかしな謝罪になってしまった。27年務めたニュースキャスター史上一番の汚点です。

これは後日にわかったことなんですけど、沖縄防衛局の幹部から報道局長の携帯に、直接訂正しろという電話があったんです。その防衛局の人もうちの局長も「文脈」つまりコンテクストという語句の意味をすぐに理解できなかっただけというお粗末な話なのですけど、防衛局としては瞬時に電話でクレームをつけたことがスタジオの謝罪につながったわけですから、メディアの懐柔に成功したと勘違いをされる結果になり、なんとも悔しい出来事でした。

島　オフレコ発言問題での琉球新報の場合と同じだね。でも、確かめようがあるでしょうに。

ある女性記者と琉球新報

三上　毎日放送にいたときの同級生で、とても仲のいい斉加尚代という女性記者がいます。「君が代」を歌っているかどうかの「唇チェック」を指示した橋下徹大阪市長（当時）とバトルした骨のある記者です。その彼女が琉球新報のドキュメンタリーをつくることになったんですよね。その経緯は、作家の百田尚樹氏の「沖縄の2紙はつぶさなければいけない」という暴言に対して、沢田さんというプロデューサーが「同じ関西人として沖縄に申し訳ない、経団連などが圧力をかけても屈することもなく9割の県民の支持を得ている新報、タイムスというのはいったいどんな新聞なのか、取材に行ってこい」、と斉加さんに言ったそうです。「幸い同期の三上もおることやし」と言われて、いわゆるひらめきだけの「1行企画」としてきたんです。それで「何かネタないかな？」って言うから、「新報ならいっぱいあるよ」って。特に、琉球新報には私が「三銃士」って呼んでいるイケメンの凄腕記者やひたむきな若手記者や島さんみたいな女傑もいてネタにはこと欠かないと思うよ、って紹介したの。

島　そう言ってくださったの。うれしいね。

三上　それで彼女は、「新報に行ったらさ、おもしろくて私はまっちゃった」って。すごく勉強になった、みんなのファンになったと言ってました。密着取材をされた新報の側からも、しつこくつきまとわれたはずなのに、「彼女のことを悪く思っている人って一人もいないですよ」と言われたことが同期としてすごくうれしかった。

琉球新報、沖縄タイムスはたぶん、日本中にある大小のメディアのなかで一番すがすがしいところかもしれない。現場でちょこちょこ記者の皆さんとしゃべったり、先日新報の社長さんや幹部の皆さんとも親しくお酒をいただくような機会があってしみじみそう思いました。私みたいに年々息苦しくなっていく放送局のなかで溺れそうになりながらずっとやってきた者からすれば、新報はどれだけ空気がおいしいかと思いますよ。島さんは東京にいて報道部長をやっていたら、偏っていると矢のように言われるかもしれないけど、母体は反骨精神あふれる、軸足のしっかりとした琉球新報なわけですよ。一番恵まれていると思うもの。

島　中にいるとあまりわからないけど。でも、「自分たちの仕事はなんぞや」っていうことは毎日、自覚し合いながらやってますね。

3・11以降、メディアに問われていることは

島　3・11以降、メディアは本質を伝えてこなかったという批判にさらされてきましたね。だからこそ国民の多くは、福島でも沖縄でももっとリアルに真実を知りたいと思うようになってきています。ネットで幾らでも情報が手に入る時代ではありますが、あまりにもジャンク情報が多い

し、真実の報道に飢えているのかもしれませんね。

三上　それは、あふれるようにある情報が信じられなくなっているという、地盤が崩れて立つ場所がわからなくなっているようなまずい状況です。ネットの情報も、テレビの情報も、バイアスがかかってるんじゃないか、何か偏っているんじゃないか、とかね。そう言いつつすがっていく情報に、一番バイアスがかかっていたりする。

島　東京に赴任して最初の年に、3・11反原発の人たちの官邸前金曜日デモを取材しに行ったの。記者クラブは官邸の向かいにあるので、記者クラブの門から出てきたら、群集の中から「マスゴミが」っていう声が聞こえたわけですよ。ビックリして、「はあっ、いまだれが言いました」って振り向いたんですが、沖縄ではそんなことないでしょ。それで記者クラブに戻ってその話をしたら、「よくあるよ」って。

三上　でも、3・11で6万人が集まるまでは、官邸前にデモ隊が集まっていても、メディアは見事なくらい報道しなかったから、そう言われても当然というところもあるけどね。テレビがなぜ何かを主張する群衆を報道しないかというと、政党や団体が、右でも左でも、主義主張を掲げて旗を立てて行進したり座り込んだりするのを映すのは宣伝になるから控えるという不文律があるからです。

島　それは、在京紙にもありますよ。デモなんか取材するものじゃないっていうのが、3・11前の常識でした。

三上　だから、辺野古の座り込みは絶対に全国ネットのテレビにはでなかったんですよ。賛否が分かれているもの、政治的主義主張がはっきりしたものは一方だけを取り上げないという思考停止に縛られてね。２００４年、５年の辺野古のやぐら闘争は、テレビ朝日でもたったの一度も全国ネットにならなかった。私は必死に報道ステーションのディレクターに頼んで。座り込みのストレートな企画では放送されないから１９６６年の米軍の基地計画に絡めた特集を一緒につくったんだけど、小泉訪朝のネタが大きいと、お蔵入りになってしまった。たったの一度もニュース特集をつくり切れなかった。だから私、悔しいからドキュメンタリー「海にすわる」（２００６年）をつくったんです。

島　私たち沖縄メディアには、あまりそういうタブーはありませんでしたね。

三上　座り込みや、政党や労組の旗が立っている場面が放送できないって言ったら、沖縄じゃなんにも取材できないじゃない。当たり前だけどそのときに起きている出来事と、抗議行動で必死に主張している内容がニュース価値があるかないか、それを判断すればいいだけだと思う。官邸前に6万人集まったときだって、NHKは旗が映ってない画角を必死に探したという話を聞きました。

島　それじゃ、足許しか撮れないじゃない。たくさんの人が集まること自体が重要なニュースなのにね。

三上　映り込んだ旗の団体の宣伝になっちゃうって。それじゃ物事の真実はとらえられないよね。そんな不自由なことで、テレビのニュースは大衆運動を結果的にオミットしてきたんです。

島　でも前に比べたら、辺野古のことも少しは伝えられるようになったということですよね。メディアに対する国民の目が厳しくなったことは確かです。

三上　3・11が人為的な原発事故に結びついたと知ったとき、東電や政府が悪いとだけ言っていてもそれではすまない、国策が原子力を重視していく危険性について無頓着でいた私たち一人ひとりにフクシマに対する責任があるのだ、という思いを日本人の多くがかみしめた。国策である安保政策に関しても、沖縄の人たちに負荷をかけて知らないふりをしていると、自分も加害者になってしまう、と考えるようになった。「標的の村」のテレビ版を観た人から、そういうメールやファックスがたくさんきたんですよ。「高江のベトナム村とか、普天間の封鎖とか、こんな大事なことをなぜ全国に伝えてくれなかったんですか、私たちはまた加害者にされるのはまっぴらごめんです」って。

だから私、いままで原発の構図と基地を押しつける構図は同じだとずっと言ってきても伝わらなかったけど、いまだったらわかってもらえると思ったんですよ。いま、まさに悪化の一途をたどっている基地問題は、「沖縄は大変ね」っていう話じゃない、日本の平和と民主主義が終わるかどうかという話なわけです。沖縄をいじめ続ける政権が誕生して、ますますそれがはっきりしてきた。だから、それを伝える映画をつくったら、必ず観てくれる人がいると思えたんです。

島　番組を観てよかったというより、怒りのほうが強かったんですね。

三上　意外でしょ。「すごいですね」っていうんじゃなく、そこまで取材しているのになぜ全国ネットにしないのですかって。それを一番やりたいのにできないでじたばたしてる私に、ね。でもそうか、みんな観たいんだって思ったの。

上映会で全国を回っているから思うんですけど、沖縄の映画をきっかけに、全国各地でがんばってきた人たちが集まり直しているという感じもあります。以前は、人権問題でも環境問題でも、そして平和問題でも、政党系ごとに別々に運動してきた。でもいまは、全国でも地域でも、反安倍政権で集まり直している。「標的の村」の上映会だって、最初の時期は、沖縄のことを考えてあげよう的な動機づけが多かったんですが、それが1年ぐらいたってからは、その地域で○○ぐるみの力をつけていくためにオール沖縄に学ぼうというところが増えてきた。「標的の村」上映で集まって、みんなで名刺交換して、「これから、オール○○でがんばっていきましょう」みたいな、市民の力をつけるための起爆剤になっている。「あれっ、沖縄の話どこにいったのかな」っていうところもあるけど、安倍政権をなんとかするためには、もうオール○○でつながっていくしかないねって。手探りで自分たちの力をつけるために動いている人たちが活発になってきているると思います。それはある意味、揺り戻しだと思う。ネットだけに情報を頼っていたり、個人主義に走っていたら取り返しのつかないところにきたということで、若い人たちの間でも徐々にですけど、人と対面して話す、何かを書いて手で配る、といったことが始まっています。

島　ＳＥＡＬＤｓ（シールズ）の皆さんは、国会前だけでなく、沖縄でもがんばっていますね。

三上　先日、今年の米アカデミー賞の作品賞に選ばれたトム・マッカーシー監督の「スポットライト 世紀のスクープ」を観て、久しぶりにいいもの観せてもらったと思いました。70人以上の地元神父が行った虐待を教会幹部が長期間にわたって隠蔽していたことを明らかにした作品です。

島　最後の「われわれは闇のなかを手探りで歩いているんだ」っていう台詞、よかったですね。

「スポットライト」はもともと、「ボストン・グローブ」紙の4人の記者が調査取材して明らかにしたもので、この報道で2002年のピュリッツァー賞を獲得しています。

三上　あの小規模な地方の新聞が、すごいことをやったんだよね。手に汗を握りながら瞬きもせずに観た。そういう社会悪とチームワークで立ち向かっていくみんなの連携、そうだそうだ、私もこういうところにいたんだよなって、涙ながらに見ました。でも、琉球新報はあれを地でいっていると思うよ、私。

島　じゃあ、もっと大きなネタを探さないといけないね。うちの記者は、特定秘密保護法違反で最初に捕まる記者になろうと、みんなで言ってるんですよ。青いでしょ。

三上　みんな、うれしそうに言うよね、絶対おれが最初だって。特定秘密保護法にビビッてなんかいられるか！　という気迫が伝わってくる。子どもみたいな言い方だけど、基地への立ち入りを禁じた刑特法で逮捕されたって、名誉くらいにしか思わんよ、という基地反対でがんばってきたおじい、おばあたちと同じように、特定秘密保護法で捕まったら記者冥利に尽きるよね、って普段から冗談を言い合える環境が仲間を守り、自分を奮い立たせるんですよ。それが、琉球新報は空気がおいしいと私が言うところです。

おわりに

県議会議員選挙、参議院選挙を終えて

島　沖縄では6月に県議選、7月に参院選がありました。県議選（定数48）では、社民、共産、社大（社会大衆党、沖縄の地域政党）、無所属の翁長県政与党が改選前の24議席から27議席に伸ばしました。与党が3議席増え、議会の7つの委員会すべてで与党が委員長を取るという安定多数となりました。

他府県の議会は、与党多数の中で、県の行為や予算を追認する機関となっていることも多いのですが、沖縄の県議会は米軍基地に関する問題が起きた場合には抗議決議を可決するなどの意思表示をしたほか、条例を自ら提

参議院選挙沖縄選挙区では翁長知事与党の伊波洋一候補が大勝した

出して可決するなど、辺野古新基地建設を具体的に止めるための主体的行動を取ってきました。２０１５年には県外からの土砂や石材などの搬入を規制する条例を可決し、施行されました。これにより、公共工事でも埋め立て用材の搬入に規制がかけられることになりました。

与党は米軍普天間飛行場の移設に伴う名護市辺野古の新基地建設阻止を掲げる翁長県政と〝両輪〟として機能してきました。知事は、新基地建設阻止に向けた取り組みの予算確保や、民意を示す意見書・決議の可決などで引き続き県議会の後押しが得られることになります。

三上　安定的な県政運営を背景に、県は今後も強い姿勢で日米両政府に対して辺野古移設の見直しを迫っていくことになるでしょうね。

島　さらに安倍政権に衝撃を与えたと思われるのは参院選の結果です。新基地建設に反対するオール沖縄陣営の推す伊波洋一氏（元宜野湾市長）が10万６５００票の大差をつけて勝利しました。現職は自民党公認、公明党推薦の沖縄担当大臣だった島尻安伊子氏でした。島尻氏は現職の大臣として子どもの貧困対策に10億円の予算を確保したことなどの実績をアピールしましたが、完敗しました。

この選挙によって、沖縄では衆参両選挙で、選挙区で勝った自民党候補はいなくなりました。２０１４年の衆院選で、沖縄は全4選挙区で自民の候補は全員が落選しました。勝ったのは１区が共産、２区が社民、３区が生活、４区が無所属の候補者で、全員が翁長雄志知事の誕生を支えたオール沖縄陣営の候補者でした。ただ、衆院選では落選した自民の候補４人が九州比例で復活当選したのですが。

言えることは、沖縄でいま、安倍政権の進める辺野古新基地建設に賛成しては県民の信任を得られない、ということです。

三上　はっきりしたことは、おととしの県知事選挙と衆議院選挙とあわせると4回あった全県民が投票行動で民意を示す機会で、すべて辺野古新基地建設反対の翁長知事を支える候補が勝っているということです。

島　三上さんはどこで選挙結果を聞かれたんですか。

三上　8時に当選の速報が入り、伊波洋一候補の圧勝が伝えられた。私は辺野古シンカ（仲間たち）が辺野古の居酒屋に集まって開票速報を見るというのでそこで撮影をしていましたが、それはそれはすごい騒ぎで狂喜乱舞でした。大差であればあるほど、毎日ゲート前で踏ん張っている苦労に対して県民がエールを送ってくれているのだと読み取ることができますからね。あの夜は喜びに沸きました。

しかし、わずかその9時間後に激震が走りました。高江のヘリパッドの建設現場に機動隊の車輌と大型工事車輌が列をなして向かっているという情報が入ったんです。２０１４年から止まっていたオスプレイが使うヘリパッドの工事を機動隊で制圧しながら力づくで再開する段取りを、政府は選挙期間中に周到に進めていたことがわかったんです。沖縄県民が血のにじむような地道な選挙活動をして、一票一票を積み上げて示した民意を、その勝利の喜びを、下から蹴り上げるような形で踏みにじった。どんな結果が出ようと政府は「お前らに基地を断る権利はない」と恫喝しているに等しいやり方をしてきた。許せないです。

島　選挙で示された民意を無視する許し難い暴挙ですね。

県議選、参院選の前に今年1月、宜野湾市長選がありましたね。一市の首長選挙でしかないにもかかわらず、自民党、官邸は並々ならぬエネルギーをかけました。選挙の前月には菅義偉官房長官が、普天間飛行場が返還されたらディズニーリゾートを誘致すると発言しました。在沖米軍基地のわずか7ヘクタールを返還するのにケネディ大使を動員して記者会見しました。選挙戦に入ると30人以上の国会議員を投入する、異例の大動員でした。

もう沖縄の選挙は負けられないという決意の表れだったと思うんですよ。永田町で言われていたのは、普天間移設問題が起こって20年が経つが、県知事、普天間の地元名護市長、辺野古の地元宜野湾市長の当事者三人すべてが辺野古反対になったことはない、そうなると大変なことになる、ということでした。

当時は代執行訴訟も抱えていましたが、裁判に

米軍北部訓練場ヘリパッドN4から飛び立つオスプレイ
琉球新報社提供

勝ったからといって民意を打ち消すことはできない、だからこそ宜野湾市長選で勝って「沖縄県民は必ずしも辺野古移設に反対ばかりではない」という論を組み立てたかったわけです。この選挙で現職の佐喜眞淳市長が当選したことで、首の皮一枚でつながっていたと言えると思います。

その間、安倍政権は普天間・辺野古問題を争点化することを避けて選挙戦にのぞみましたが、選挙が終わると、「辺野古移設が唯一の解決策だ。沖縄の民意は辺野古反対ではない」と打ってでています。

三上　佐喜眞さんは辺野古のへの字も言わなかった。彼がどれだけ辺野古基地を早くつくってしまえばいいのにと思っているか私たちは知っているけど、佐喜眞さんに入れた人のかなりの人たちが、佐喜眞さんは辺野古移設に反対していると思っていたんだよね。ニュースは見ない、新聞も読まない、琉球キングス（プロバスケットボールチーム）の試合には行くみたいな人たちにとっては、佐喜眞さんは実は辺野古に賛成してる人だなんてまったくわからなかったんでしょう。

島　確かに、翁長知事が擁立した対立候補の志村恵一郎氏が明確に「辺野古移設反対」を打ち出したのに対し、佐喜眞市長陣営は辺野古問題を口にしませんでした。

市長選の投票日に、琉球新報の出口調査で辺野古移設について投票所を訪れた市民に聞くと、辺野古移設「反対」が67％を占めました。普天間飛行場を抱え、早く返してほしいと思っている宜野湾市民でさえ、辺野古移設に反対する人が多い。さらに、佐喜眞氏に投票した人の約4割は辺野古移設反対でした。だから、やはり沖縄の民意は辺野古移設反対が多数派である。そこを選挙結果や政府のプロパガンダに左右されることなく、辺野古移設は沖縄のためにはならない、反対であるという論をしっかりもっておくことが大事だと思いました。

沖縄基地問題とオール沖縄のこれから

三上　参議院選挙でどこまで野党共闘がうまくいったのかの評価はともかく、福島で、鹿児島で、国策の犠牲にはならないんだという気概は表出してきている。いくつか芽はでてきている。沖縄の島ぐるみのたたかいが一つのお手本になって全国各地を勇気づけてきたんだという解釈がありますが、そうであってほしいと思う。普天間・辺野古のたたかいを20年やって、陽が当たってきたのはここ数年だけど、その蓄積のうえに翁長雄志さんという人がでてきた。そして国を向こうに回して自分たちの地域のために踏ん張るという、新しい民主主義のヒーローの姿を見せることができた。この後、仮に翁長さんが退くということがあっても、オール沖縄のたたかいが構築できたこと、それが引き寄せてきた地平、新しい形を日本全国に示しえたという事実は消えないと思うんです。

私は、沖縄に「炭鉱のカナリア」役までさせないでよ、と本心は思ってますが、実際に民主主義が危ないですよ、平和が崩れかけていますよ、国民主権が脅かされていますよ、地方自治がないがしろにされていますよ、ということを、日本という国に毒ガスが充満する前に沖縄が炭鉱のカナリアとして叫び続けていると思っています。戦後沖縄には憲法が適用されず、地方自治権を与えられなかった。それで、憲法の大切さを夢に描いてきたからこそ、その大切さが身にしみてわかっているわけです。だからこそいま直面している危機が自分たちから何を奪うものなのか、本土の人たちより敏感だと思うんです。

島　戦後、日本人は、自分たちの知事を自分で選んでいいという権利を手にしたんだけど、沖縄では、自分で知事を選ぶこともできなかった。琉球政府の主席を選挙で選ぶ「主席公選」を勝ち取るにも大変なたたかいを必要としたわけです。そういう意味では人権や民主主義の手段を一つひとつ、たたかって獲得してきた。沖縄以外の本土のように、戦後、新しい憲法で人権や民主主義が保障され、座して権利を獲得できたところとは、意識がまったく違うと思います。

三上　自分たちの知事を自分たちで選ぶということに憧れて、そうやって過ごした悔しい年月があるからこそ、県知事選に関心が高い。中央政府が沖縄を不幸にするような国策で臨んできたときに、自分たちの選んだ知事が身体をはって阻止するのは当たり前のことだと受け止められるのだと思います。沖縄から代表団が訪米すると、外交や防衛は国の専権事項であるのに、一人の首長が南の島から行って何をやっているんだ、みたいなことを言う人がいるけど、それこそお門違いです。だって、地方自治体としての沖縄県は、国と対等であり、国の部下でも命令系統の下にあるわけでもない。沖縄県の利益と国の利益がまったく一致してないときに、地方自治法に基づいて不利益を払拭するように行動し、物を言うことになんの遠慮がいるんですか。

戦前は、国が決めた人を知事にいただかなければならなかったから、国の機嫌を損ねるわけにはいかない。だから、あんたのところから兵隊を何人あげなさい、これだけの物を供出しなさいと言われたら、各都道府県知事は戦争を遂行するためにはイヤとは言えなかった。その反省のうえにたって、国民主権を貫徹するためには憲法と地方自治法は両輪として存在している。その大切さはいま日本から失われつつありますよということも、沖縄だから言えることです。もし日本が、平和に向かって舵を切り直そうとか、国民主権や民主主義を着実に自分たちのものにしようというときには、沖縄はそれに役立つたくさんの知恵も事例ももっていると思うわけ。

島　今回の参院選で野党共闘の成果がでて、少なからず安倍政権を追い詰めることができた。現職大臣が落選した福島と沖縄が象徴的だと思います。どちらも安倍政権が、さらに戦後日本が、繁栄の陰であえて黙殺してきたひずみが集中的に押しつけられている場所だと思います。政府に対して、両県民が現状はおかしい、私たちにこれ以上負担を押しつけるな、と主張した結果だと思います。

全国的にみれば、安倍政権は憲法改正を発議できる3分の2の改憲勢力の議席を確保しました。しかし、私は安倍政権の経済政策や憲法改正が実現すれば、沖縄、福島両県民が押しつけられている不条理や苦しみを日本人の大多数が味わうことになると思います。沖縄では民主的な選挙で何度も何度も辺野古ノーという意思表示をしているのに、安倍政権は辺野古新基地建設を強行しようとしています。政府は、民主主義原理の適用除外という差別を行っている。

福島では、原発事故の真因の究明は放棄され、放射線量が下がったという理由で避難民の帰還政策が強行されています。五輪招致の際に「アンダーコントロール」などという大嘘を世界に吹いた。福島の問題があたかも解決に向かっているかのような状況をつくり、記憶の抹消という暴力を政府は住民に加えています。

これに対して沖縄はずっとノーだと言い続けてきたし、福島もそうなっているのかな、と思います。野党共闘の成果もあり、野党は一応踏みとどまった感があります。そのたたかいに沖縄の与えた影響は小さくないでしょう。

三上　なぜ、こんな自民党圧勝の国の中にいて沖縄選挙区だけが自民党議員を一掃してしまったのか。それは解釈の余地もないくらい、いまの安倍政権に対して沖縄県民の生存にも関わる危機感をみんなもっているからなんです。全国の人に見誤ってほしくないのは、沖縄をいじめている政権だから憎んでいるとかそういう表面的な判断ではなくて、このままじゃ日本はまずいですよ、戦争になりますよ、独裁国家になりますよというSOSを、沖縄にいるとはっきり見えるから、ここからサインを出しているということです。

島　3年前とはぜんぜん違う。3・11や安保法制反対のたたかいを通じて、心ある人たちが気づきはじめている。「オール沖縄ってなんなのか聞きたい、知りたい」って関心をもち始めている。そこに救いを感じるし、光明があるなと、私は本当に思っています。安倍政権になって特定秘密保護法、集団的自衛権の行使容認、安保関連法と、これだけやりたい放題で、メディアがチェックする間もないぐらいの急な動きでしたからね。それに対して、これは危ないと考える良識ある人たちが増えているんですね。

だけど、安倍政権は対応の早さや争点設定などやり方はうまいからなあ……。

三上　でも安倍政権というのは、安倍さんという悪魔が一人いてみんなが騙されてるというわけではなくて、日本社会の病巣が生み出したモンスターだと思うんですね。だから安倍さんがいなくなってもまた似たようないびつな政治家を生み出しかねない。そんな日本の膿《うみ》みたいなものを出しきらないといけない。でも、18歳から参加できるという今回の選挙でしたけど、自分たちを幸せにしてくれそうな人がいない、ぴんとくる政党もない、という声が強い。ようやく自民党政権を交代させて民主党が政権をとったら、ただの野合でお互いばらばらだったというんで、みんなの気持ちが政党という枠から離れていった経緯がありますしね。でもオール沖縄はあの野合とは違う。敗戦後70年の辛酸をなめたたたかいを土台に生まれた、政策の一致は腹6分目でいいというアイデンティティーの絆がある。一致しない部分の弱さは当然あっても、やっぱり芯は太かったんだね、歴史を動かしたよねというものにしていかないと。翁長さんを選んだ県民の側にも相当な覚悟、支えるために汗をかく姿勢が必要です。

島　政府の分断工作はますます激しくなるし、オール沖縄にとって厳しい状況になると思います。しかし、翁長雄志知事が選挙戦で訴えた、「沖縄は基地を間にして保革双方がいがみ合ってきた」という、基地問題を解決に導けなかった分断の構図に県民が気づき、変えたいと願ったことが選挙の結果に現れていると思います。

琉球新報の今年6月の世論調査では、政府が進める辺野古移設には83・8％の県民が反対だと回答しています。もうこれ以上新しい基地はいらない。この「一点結節」を繰り返し確認していく作業が重要でしょうね。

対談を終えて

沖縄を襲う嵐の「風かたか（風除け）」に

三上　智恵

今、この文章を書いている7月17日は、東村高江の米軍オスプレイ用のヘリパッド建設強行前夜である。週明けの19日には全国から千人もの機動隊員が沖縄に入り、復帰運動の時期も含めて沖縄の戦後史上最大動員の圧力の下で建設工事が進められようとしている。辺野古に来た機動隊の3倍以上、異常な数である。国家権力が腕力をむき出しにして沖縄に「おとなしく基地をつくらせろ」と迫ってくるのだから、この本が出る頃には、考えたくはないが高江の残り4カ所あるヘリパッド工事は着手されているのかもしれない。来週起きる出来事を考えると、体中の内臓がきしむ思いだ。しかし、私は記録し、発信を続けるしかない。

私たちのこのような対談の本が、今の沖縄の状況を理解するのに役立つのかどうか、自信はない。ただ、これだけは伝えたかった。私たちが危惧しているのは何も沖縄だけの運命や、負担の重さという問題ではないということだ。平和主義や民主主義の大切さ、国民主権や立憲民主主義を手放す恐ろしさ、それは今の暴走する安倍政権が沖縄に対して下してきたあらゆる残酷な決断を見ていると、どこにいるよりよく見えるのだ。だからこそ、「沖縄問題」とくくることで本質を見ないですごしてきた国民が、実は情報過疎の中に置かれ、権力の都合のいい、心地いい思考停止に導かれている現状を打破する突破口は、沖縄というこの国の本性があらわになっている地域から示さなければならないと思った。この島で報道に携わってきた私たちが穴をこじ開けなければならないのだ。理屈より直感に優れ、直球勝負の女たちの特性を生かして、本書が手に取りやすいガイドにでもなればと、ドキュメンタリー映画撮影の合間に作業を進めてきた。

しなやかで可憐な女性2人の対談を目指した編集者には申し訳なかったが、少々荒っぽい表現が随所にあり、品よくまとめるお化粧はできていない。でも、6月の暴行殺人の被害女性を追悼する県民大会の会場で、帽子にタオル、猛暑で化粧も落ちたもの同士、島さん（メイク落ちても美しいんですけど）と私が短く声を掛け合ったときに思った。私たちはお互いにここに根を張り、太い幹から枝葉を伸ばして今、激流の中に立っている。こうして私たちは20年余り、怒りと涙の現場をお互いに走り回ってきたのだ。もう許せない。もう我慢できない。

伝えなきゃ。守らなきゃ。家族を抱え、子を抱えて髪を振り乱して走ってきた日々が、この対談にはぎっしり詰まっている。状況は厳しいけれど、正面から受け止めて、県民と共にもがきながら答えを引っ張り出そうという覚悟は一歩も引かない。男にも、権力者にも引けをとらないのだ。

かもがわ出版の三井さんの熱意があってこの本は生まれた。感謝してもし足りないのに、私のスケジュール上の厳しさから無理難題をお願いしてしまった。ここにお詫びしたい。そして沖縄で頑張る大勢のいきのいい女性記者の中でもトップに輝く星である島洋子さんと、今回幅広く深くじっくりと話せたことが何よりも私にとっての栄養剤になった。私はこれまで沖縄の問題と向き合う中で、ひとり孤独に悶々としながら暗い道をひた走ってきた感があった。でも、島さんと話すテーマの一つひとつに、その通り！　やっぱりそうか！　なんでわかるの？　わかってたのね？　を心の中で連発していた。琉球新報は軸足のしっかりした報道機関であり、素敵な仲間に囲まれている島さんは、きっと私ほど孤独な道のりではなかったと想像するものの、それでも険しい光の当たっていない道を開拓してきたことは、複眼的なものの見方で自然に弱者の視点と俯瞰する視点を自由に行き来する話し方からよくわかった。何よりも、どんな話もやわらかい言葉と大きな瞳で受け止めてくれる安心感で、取材者もこうして島さんにはみんな余計にしゃべってしまうのだろうなと思った。

対談のあと、島さんは本社に戻らないといけないと言いながら、ビール一杯ね！　とまだ夕日の影が残る新都心の店に2人駆け込んだ。数十年来の女友達といるような心地よさ、であっという間に時間は過ぎた。1杯のつもりが彼女は4杯。私は3杯。負けた。そういや、彼女のほうが若かったのだ。ありがたいことに、この本の結ぶ縁で同志を得た。このご縁がお互いおばあになるまで続きますように！

かもがわ出版のみなさまはじめ、本の制作に関わってくださったすべての方々、そしてこの本を手にとって下さったあなたに心からの感謝を申し上げます。この本が、これから高江を、辺野古を、沖縄を襲う嵐の「風かたか（風除け）」となることを祈りつつ。

東京では見えない言葉の数々

島　洋子

選挙イヤーとなった今年、6月の県議選、7月の参院選が終わった。県議選では、辺野古新基地建設に反対する翁長雄志知事の与党が3議席伸ばし27議席を確保、安定多数となった。参院選でも辺野古移設反対を掲げる「オール沖縄」の候補者・伊波洋一氏が、自公が推す現職大臣を抑えて大勝した。

参院選の翌日、政府は東村高江に米軍オスプレイ用ヘリパッド（着陸帯）を建設するため資機材の搬入を始めた。振り返れば3年前の参院選で、辺野古新基地建設に反対する糸数慶子氏が大差で当選した翌日、防衛省はオスプレイ配備に反対する市民を排除して普天間飛行場のゲートにフェンスを張る工事を強行した。

投票日までは「沖縄に寄り添う」「県民の声を尊重する」と言い、選挙が終われば手のひらを返したように基地建設、米軍機配備を強行する。前日の投票で県民は、これ以上の基地負担はノーだという意思を、選挙というきわめて民主的な手法で示したというのに、だ。

またか、という既視感に力が抜けそうになるのをぐっとこらえる。ここであきらめては、権力側の思うつぼだ。沖縄にこれ以上の基地はいらないという多くの県民の意思を私たちは伝えなければならない。

三上さんの仕事のすごさを感じたのは、実は3年前に東京に赴任してからだった。

三上さんは、沖縄の基地問題をテーマに数々のドキュメンタリーを制作されている。「海にすわる～沖縄・辺野古反基地600日の闘い」をはじめ、新基地建設に揺れる名護市辺野古に長年密着して、辺野古の人たちの生の声をずっと追ってこられた。国策に振り回され、辺野古新基地建設への賛否で肉親でさえもいがみ合う状況に20年近く置かれてきた辺野古の人たちは、メディアに対して口を閉ざす。夕方のニュースのメーンキャスターという花形のお仕事を担いながら、難しい取材をずっと続けてきた三上さんのお仕事ぶりと情熱には本当に感服していた。

初監督映画となった「標的の村」は、自然豊かな人々の暮らしとフェンスを隔てて相対せざるを得ない基地の暴力性を、構成力と圧倒的な映像の力で多くの人に知らしめた。私は寡聞にして、「ベトナム村」のことを知らなかった。三上さんに、高江という小さな村が象徴する、植民地・沖縄の存在を教えてもらった。

三上作品は沖縄で起こっていることを全国に伝える役割を果たしている。私は東京で

『標的の村』を観て沖縄に関心を持った」という多くの人に出会った。スラップ訴訟という概念も目覚めさせた。三上さんによると、テレビドキュメンタリーでいくら賞を取っても全国で放送されるのは難しい、全国に伝えるために映画という手法を思いついたそうだが、その三上さんの強い思いが、全国にじわじわと広がっているのを肌で感じた。

かもがわ出版の三井さんからのお話があったとき、私ごときが、綺羅星の如く輝くジャーナリストの三上さんと並んで対談なんかしちゃっていいのか、迷った。でも今回じっくり話をさせていただいて、私自身、大きな発見があった。

まだ女性の活躍の場が限られていたときにアナウンサーになり、仕事を抱えながら必死になって子育てをし、いまも沖縄を広く伝えるために走り続けている。その三上さんから繰り出される言葉の数々はとても刺激的だった。自分の足で歩いて、話して、ずっと考え続けないと出てこない言葉たち。辺野古の海上で船に揺られて取材しないと出てこない逸話。この沖縄の地面を踏みしめているからこそ私たちには見えるものがある。東京で、冷房の効いた会議室で、普天間移設やヘリパッド建設を論じている人たちには絶対に見えないものを、三上さんの言葉に見いだした。

今回、記事を書くことと、言いたい放題しゃべったことを文字にするというのは全然違う作業だということもわかった。最初にテープおこしの原稿をいただいたときは、「こんなのを本にできるわけない」と絶望的な気分になった。遅れがちになる私たちを穏やかに叱咤激励しつつ、本にまとめてくださった、かもがわ出版の三井隆典さんをはじめ、みなさまに本当に感謝します。

そしてこの本を手にとっていただく方々に少しでも沖縄のことを身近に感じていただけますように。それが私たち沖縄の人間に踏ん張る力をくれると思います。

三上智恵（みかみ・ちえ）

ジャーナリスト、映画監督。東京生まれ。成城大学卒業後の1987年、毎日放送にアナウンサーとして入社。96年、琉球朝日放送（QAB）の開局と共に沖縄に移り住む。ワイドニュース「ステーションQ」のメーンキャスターを務めながら、「海にすわる～沖縄・辺野古反基地600日の闘い」「英霊か犬死か～沖縄靖国裁判の行方」など沖縄戦や基地問題を中心に多数の番組を制作。2015年に女性放送者懇談会放送ウーマン賞を受賞。初監督映画『標的の村』は、ギャラクシー賞テレビ部門優秀賞、キネマ旬報文化映画部門1位、山形国際ドキュメンタリー映画祭監督協会賞・市民賞ダブル受賞など18の賞を獲得。15年には辺野古の座り込み現場をヒューマンドキュメントで追った『戦場ぬ止み（いくさばぬとぅどぅみ）』を劇場公開。沖縄国際大学非常勤講師として沖縄民俗学を講じる。著書に『戦場ぬ止み 辺野古・高江からの祈り』（大月書店）がある。

島　洋子（しま・ようこ）

ジャーナリスト、琉球新報政治部長。沖縄県生まれ。琉球大学卒業後の1991年、琉球新報社に入社。政経部、社会部、中部支社宜野湾市担当、経済部、政治部を経た後、東京支社報道部長として東京に在住し、在京メディアの中で沖縄メディアの存在をアピールした。2016年4月より現職。米軍基地が沖縄経済の発展を阻害している側面を徹底取材し、基地経済がもたらした沖縄県のひずみを明らかにした連載「ひずみの構造―基地と沖縄経済」で、2011年「第17回平和・協同ジャーナリスト基金賞奨励賞」を受賞。後に同連載は「新報新書」として発刊された。

女子力で読み解く基地神話
　ー在京メディアが伝えない沖縄問題の深層

2016年9月 1日　第1刷発行
2017年5月10日　第2刷発行

発行者　竹村正治
発行所　株式会社かもがわ出版
〒202-8119　京都市上京区堀川通出水西入
TEL075-432-2868　FAX075-432-2869
振替 01010-5-12436
ホームページ http://www.kamogawa.cp.jp
製　作　新日本プロセス株式会社
印刷所　シナノ書籍印刷株式会社

ISBN978-4-7803-0857-0　C0036